Pesquisa em Administração e Ciências Sociais Aplicadas:

Um guia para publicação de artigos acadêmicos

O GEN | Grupo Editorial Nacional reúne as editoras Guanabara Koogan, Santos, Roca, AC Farmacêutica, Forense, Método, LTC, E.P.U. e Forense Universitária, que publicam nas áreas científica, técnica e profissional.

Essas empresas, respeitadas no mercado editorial, construíram catálogos inigualáveis, com obras que têm sido decisivas na formação acadêmica e no aperfeiçoamento de várias gerações de profissionais e de estudantes de Administração, Direito, Enfermagem, Engenharia, Fisioterapia, Medicina, Odontologia, Educação Física e muitas outras ciências, tendo se tornado sinônimo de seriedade e respeito.

Nossa missão é prover o melhor conteúdo científico e distribuí-lo de maneira flexível e conveniente, a preços justos, gerando benefícios e servindo a autores, docentes, livreiros, funcionários, colaboradores e acionistas.

Nosso comportamento ético incondicional e nossa responsabilidade social e ambiental são reforçados pela natureza educacional de nossa atividade, sem comprometer o crescimento contínuo e a rentabilidade do grupo.

Pesquisa em Administração e Ciências Sociais Aplicadas:

Um guia para publicação de artigos acadêmicos

Manuel Portugal Ferreira

O autor e a editora empenharam-se para citar adequadamente e dar o devido crédito a todos os detentores dos direitos autorais de qualquer material utilizado neste livro, dispondo-se a possíveis acertos caso, inadvertidamente, a identificação de algum deles tenha sido omitida.

Não é responsabilidade da editora nem do autor a ocorrência de eventuais perdas ou danos a pessoas ou bens que tenham origem no uso desta publicação.

Apesar dos melhores esforços do autor, do editor e dos revisores, é inevitável que surjam erros no texto. Assim, são bem-vindas as comunicações de usuários sobre correções ou sugestões referentes ao conteúdo ou ao nível pedagógico que auxiliem o aprimoramento de edições futuras. Os comentários dos leitores podem ser encaminhados à **LTC — Livros Técnicos e Científicos Editora** pelo e-mail ltc@grupogen.com.br.

Direitos exclusivos para a língua portuguesa
Copyright © 2015 by
LTC — Livros Técnicos e Científicos Editora Ltda.
Uma editora integrante do GEN | Grupo Editorial Nacional

Travessa do Ouvidor, 11
Rio de Janeiro, RJ – CEP 20040-040
Tels.: 21-3543-0770 / 11-5080-0770
Fax: 21-3543-0896
ltc@grupogen.com.br
www.ltceditora.com.br

Capa: Leônidas Leite
Imagem: © Lpstudio | Dreamstime.com
Editoração Eletrônica: Algo Mais Soluções Editoriais

CIP-BRASIL. CATALOGAÇÃO-NA-FONTE
SINDICATO NACIONAL DOS EDITORES DE LIVROS, RJ

F442p

Ferreira, Manuel Portugal
Pesquisa em administração e ciências sociais aplicadas : um guia para publicação de artigos acadêmicos / Manuel Portugal Ferreira. – 1. ed. – Rio de Janeiro: LTC, 2015.
il. ; 23 cm.

Inclui bibliografia e índice
ISBN 978-85-216-2825-5

1. Pesquisa - Metodologia. 2. Administração. 3. Ciências sociais. I. Título.

14-18287	CDD: 650.1
	CDU: 65.011.4

À Cláudia,
que me incentivou a verter neste livro
as minhas experiências e aprendizado.

Prefácio

Escrevi este livro para ajudar, em especial, os estudantes de mestrado e doutorado em Administração que enfrentam a dificuldade de entender o que é, efetivamente, o trabalho acadêmico de redação de um artigo para uma disciplina, para um congresso, para publicar em periódico, ou as suas dissertações ou teses. Eventualmente, pode, também, ser útil para alguns acadêmicos mais jovens que estão no início das suas carreiras como pesquisadores e que querem, e precisam, publicar os seus manuscritos. O fato é que a publicação de artigos em periódicos tem assumido maior relevância quer para a obtenção do primeiro emprego, em especial em universidades com foco na pesquisa, quer para a *tenure*, e mesmo para o progresso na carreira e a mobilidade internacional. Para os pesquisadores, entender o que é um artigo acadêmico em Administração, e dominar algumas regras básicas do processo de pesquisa científica e da sua conversão em um artigo publicável, é imprescindível.

Da minha experiência de trabalho com estudantes de *stricto sensu* de mestrado e doutorado, penso que muitas vezes (esquivo-me aqui de dizer que é uma maioria das vezes) as maiores dificuldades no trabalho de pesquisa não estão nos procedimentos metodológicos, nem nas análises estatísticas. As dificuldades estão ao nível da formulação da questão de pesquisa, do entendimento do que é uma contribuição científica, e nas deficiências na organização do manuscrito e na comunicação escrita. Não há bom conhecimento ou boa ciência se o autor não conseguir se comunicar adequadamente. Em alguns casos a linguagem é de tal forma imperceptível que

Prefácio

mesmo uma excelente mensagem se perde. Embora pareça fácil escrever – para isso aprendemos algumas regras básicas no ensino fundamental e as aprimoramos ao longo da formação acadêmica –, parece que cada vez menos os jovens aprendem a se comunicar eficazmente na forma escrita.

A organização e a redação do artigo acadêmico não podem ser um espaço obscuro em que o pesquisador demonstra toda a sua inteligência e o conhecimento acumulado. Pelo contrário, os pesquisadores precisam conseguir comunicar as suas ideias e resultados de forma simples e clara, o que é bem distinto de ser simplista. Talvez uma parte das dificuldades nessa matéria venha de que escrever um artigo, uma tese, ou uma dissertação, exige desaprender algumas regras e aprender outras que são atualmente usadas no meio acadêmico. Exige-se, no fundo, o reaprender de algumas regras de redação para seguir as normas que têm vindo a emergir no meio acadêmico, em parte acompanhando a transposição para o português da linguagem científica em inglês. Por exemplo, passar a utilizar a voz ativa em vez da passiva, assumir a autoria em vez da referência a um personagem indefinido (em que em vez de "analisei" encontramos expressões como "se analisou", sem que alguém assuma autoria), o controle sobre o que é um parágrafo, a pontuação, a sequência de parágrafos etc. Dominar a escrita e saber, e conseguir, transmitir uma mensagem que seja inteligível é uma aprendizagem essencial para os pesquisadores iniciantes.

Neste livro não pretendo ensinar a fazer pesquisa, mas desejo que a leitura ajude os estudantes a melhorar a qualidade dos seus trabalhos. Também não pretendo ensinar "segredos" ou enumerar "dicas" para facilitar a publicação. Não conheço truques nem receitas de sucesso. E a melhor "dica" que tenho para oferecer é dedicação, empenho e perseverança desde a fase de concepção da pesquisa até a submissão a um periódico e, depois, na revisão do manuscrito seguindo as orientações dos pareceristas. Também não pretendo discutir

Prefácio

o que é ciência e sua filosofia, que pode ser encontrada nos trabalhos de Thomas Khun e Karl Popper, entre muitos outros bons textos que ensinam a pensar a teoria e a ciência.

No entanto, parto da premissa de que é possível aprender a pensar o projeto de pesquisa, planejar, organizar e escrever melhor para aumentar a probabilidade de publicar em periódicos de referência. Escrever e organizar adequadamente um artigo não é um dom inato, ainda que alguns pesquisadores pareçam ter maior facilidade e melhores publicações. Ninguém nasce ensinado a escrever, tal como não nasce pesquisador. Com a aprendizagem, o trabalho de escrever (sim, é trabalho!) torna-se mais fácil, mais rápido – pelo menos a escrever uma primeira versão completa – porque o estudante (ou pesquisador iniciante) entende qual a estrutura e a lógica que precisa seguir. Na realidade, penso que a vantagem dos pesquisadores mais prolíficos está na sua maior experiência, quer porque já escreveram mais, quer porque já aprenderam com as suas experiências de rejeições. Mas, confesso que penso que nunca se torna fácil publicar.

No início do livro foco questões do processo científico (Capítulo 2) e, mais tarde, do processo editorial (Capítulo 5), desde a submissão a periódicos, à rejeição (Capítulo 6) e a como reagir aos pareceres dos revisores (Capítulo 7). Entender as fases do processo de pesquisa científica permite entender melhor a estrutura e o conteúdo do artigo científico em Administração. O plágio, como ofensa grave, merece breve menção (Capítulo 9). Mas, não crio novos formatos nem novos modelos de artigos ou pesquisas.

Talvez a principal mensagem que quero passar é que a forma é essencial (Capítulos 3 e 8) e que os trabalhos, artigos ou livros, não valem apenas pela exatidão metodológica ou estatística. Assim, analiso aspectos relativos à organização do artigo científico em Administração. Não substituo os vários livros que existem no mercado sobre a escrita de teses e dissertações, mas noto que os estudantes têm dificuldade em saber como organizar um trabalho – que pode ser devido à existência de todos esses guias e a algumas contradições entre eles, ou às diferentes

Prefácio

normas, regras, formas de estruturar um artigo entre periódicos – e muito menos entendem efetivamente como escrever. Numa observação pessoal o normativo é importante, mas a diversidade de normas entre periódicos para pouco mais serve do que para os autores perderem tempo com os ajustes entre submissões a diferentes veículos. Ainda assim, vale reconhecer que as diferenças são mínimas, na medida em que envolvem apenas questões de formatação do texto, das referências, das numerações, o posicionamento de títulos de tabelas e figuras, entre outros pormenores. Mas, como muitos periódicos rejeitam os artigos numa fase inicial por não se enquadrarem nas normas expostas, importa entender a relevância de seguir as normas.

Ao escrever este livro pensei especialmente no que eu gostaria que me tivessem dito e ensinado mais cedo. Talvez eu não tivesse, na época, absorvido algumas dessas aprendizagens e talvez sejam as rejeições e as avaliações dos pareceristas que me têm auxiliado a entender melhor todo o processo e o que é requerido para conseguir publicações de qualidade. Mas, uma aprendizagem sobre estes aspectos que incluo neste livro teria, certamente, simplificado, ou facilitado, e acelerado o desempenho de publicação em volume e, mais especialmente, em qualidade. Atualmente, tenho a convicção de que o sucesso futuro de um artigo começa logo na fase inicial de concepção do projeto de artigo/tese/dissertação. Qual a questão de pesquisa subjacente? Qual a contribuição? Qual o posicionamento? O que vai ser preciso fazer? Em que periódicos fazer o levantamento bibliográfico em face do tema e do posicionamento desejado? Essa etapa inicial, a que me refiro como "de projeto" ou de concepção, terá um fortíssimo impacto na qualidade final do trabalho. No entanto, parece-me que essa etapa é muitas vezes descurada.

Neste livro uso e abuso de experiência pessoal como estudante, como autor, como revisor para periódicos, como professor em programas de mestrado e doutorado, como orientador de estudantes que repetidamente me expressam as dificuldades que sentem. Continuo a aprender muito com as frustrações dos meus alunos e colegas. Mas, de todas as experiências, valorizo especialmente duas: a minha experiência como avaliador de artigos para periódicos e, talvez ainda mais importante, a experiência das inúmeras rejeições que já consegui acumular. Já tive artigos rejeitados por todos os motivos (talvez... vou esperar pela próxima rejeição), e ganhei o hábito de estudar os porquês das rejeições. Mas, para a escrita deste livro também não são despiciendas as aprendizagens que tive com a leitura do que outros escreveram, e que me permitiram sustentar algumas opiniões. Refiro, ainda, as conversas com amigos e colegas pesquisadores, especialmente na partilha de frustrações. Uma listagem completa seria impossível, pelo que reconheço explicitamente apenas alguns: Fernando Serra, Cláudia Pinto, Nuno Reis, João Santos, Stephen Tallman, Gerardo Okhuysen, Bill Hesterly, David Whetten, Dan Li e Sungu Armagan.

Em conclusão, espero que este livro seja efetivamente útil em contribuir para melhorar a qualidade final dos trabalhos – artigos, dissertações e teses – e a capacidade de pensar e comunicar academicamente. Para aqueles que pretendem seguir um percurso acadêmico, publicar é uma necessidade, e publicar melhores trabalhos em melhores periódicos é um fator de diferenciação positiva. É curioso que penso que o maior benefício do exercício de escrever este livro ficou comigo. Ficou porque ao escrever o livro tive o prazer de reviver e recordar experiências, reler artigos e livros, pensar sobre um conjunto de ideias e regras que me são úteis quando escrevo artigos, algumas das quais se vão tornando subconscientes. Revivi conversas que tive com professores e recordei conversas com colegas. Lembrei-me amiúde das frustrações de estudantes e orientandos. Ainda assim, mantive sempre as aprendizagens com as minhas rejeições em primeiro plano.

Ao leitor, se chegou ao final deste prefácio, desejo boa leitura dos capítulos que seguem.

Manuel Portugal Ferreira

Material Suplementar

Este livro conta com o seguinte material suplementar:

- Ilustrações da obra em formato de apresentação (acesso restrito a docentes).

O acesso ao material suplementar é gratuito, bastando que o leitor se cadastre em: http://gen-io.grupogen.com.br

GEN-IO (GEN | Informação Online) é o repositório de materiais suplementares e de serviços relacionados com livros publicados pelo GEN | Grupo Editorial Nacional, maior conglomerado brasileiro de editoras do ramo científico-técnico-profissional, composto por Guanabara Koogan, Santos, Roca, AC Farmacêutica, Forense, Método, LTC, E.P.U. e Forense Universitária. Os materiais suplementares ficam disponíveis para acesso durante a vigência das edições atuais dos livros a que eles correspondem.

Sobre o autor

Professor e pesquisador nas áreas de estratégia, gestão internacional e desenvolvimento de pesquisas acadêmicas.

Professor no Programa de Mestrado e Doutorado em Administração da Uninove – Universidade Nove de Julho.

Pós-doutorando na Universidade de São Paulo – FEA/USP.

Doutorado em Business Administration pela Universidade de Utah, EUA (validação pela USP), MBA e Mestrado pela Universidade Católica Portuguesa (Lisboa) e Licenciado em Economia pela Universidade de Coimbra.

Membro do grupo de pesquisa da USP em Planejamento Estratégico e Empreendedorismo e do grupo de pesquisa da Uninove em Estratégia e Governança. Apresentações em conferências nacionais e internacionais e cerca de 80 artigos científicos em revistas com *referee*, como *Strategic Management Journal, Journal of Business Research, Revista de Administração de Empresas, RBGN, Journal of International Management, Scientometrics, Brazilian Business Review, Brazilian Administration Review, Organizações & Sociedade, Management Research, Scandinavian Journal of Management*, entre vários outros. Coautor de vários livros publicados em Portugal e no Brasil.

Sumário

Prefácio vii

Sobre o autor xiii

1 Introdução: a arte de escrever 1

    1.1 O que (ainda) falta na formação *2*

    1.2 As críticas ao foco na pesquisa *8*

    1.3 Estilo *9*

    1.4 Por que escrever para publicação *11*

    1.5 Quais as lacunas mais frequentes *12*

    1.6 O que é difícil em escrever *12*

    1.7 Discussões metodológicas *13*

    1.8 Tempo e lugar *14*

    1.9 Coautorias *15*

2 O trabalho científico 19

    2.1 Como chegar à questão de pesquisa *19*

    2.2 Do tópico à questão de pesquisa *22*

    2.3 O processo de pesquisa *23*

3 A estrutura de um artigo 26

    3.1 Título *28*

    3.2 Resumo *29*

    3.3 Palavras-chave *31*

    3.4 Introdução *32*

Sumário

3.5 Revisão da literatura.....................................*36*

3.6 Desenvolvimento conceitual e hipóteses....................*38*

Como sustentar as hipóteses: o argumento......................42

Como escrever a seção das hipóteses?.............................44

Algumas dificuldades mais comuns com as hipóteses...47

3.7 Método...*49*

3.8 Resultados..*52*

3.9 Discussão...*53*

3.10 Conclusão...*55*

3.11 Referências...*56*

3.12 Anexos...*60*

4 Artigo acabado: seleção do periódico 62

5 O processo editorial...76

5.1 Publicar como um sistema..................................*77*

5.2 As etapas do processo editorial...........................*78*

5.3 O papel dos revisores e o que
efetivamente fazem..*83*

5.4 Alguns mitos...*86*

5.5 Notas finais..*89*

6 Resiliência e resistir à rejeição para o sucesso
na carreira...90

6.1 O fenômeno da rejeição.....................................*91*

6.2 Os porquês da rejeição......................................*92*

6.3 Diminuir a probabilidade de rejeição....................*94*

6.4 Em caso de rejeição...*98*

6.5 Reagir com humor ou indignação à rejeição............*99*

6.6 Notas finais...*103*

7 Resposta aos revisores...104

7.1 Recebeu um R&R?...*106*

Sumário

7.2 Escrever as cartas de resposta 107

7.3 Notas finais 114

8 Escrita clara: algumas dicas para comunicar melhor...115

8.1 Escrever com clareza 116

8.2 Escrever e reescrever..117

8.3 Aspectos de redação 122

8.4 Aspectos de formatação 137

8.5 Notas finais 144

9 Plágio 145

9.1 O que é o plágio? 146

9.2 Tipos de plágio 148

9.3 Detectar plágio 150

9.4 Citar ou usar palavras suas?.......................................151

9.5 Notas finais 152

10 Comentários finais..153

Anexo...160

Roteiro inicial para delimitar projeto de pesquisa. 160

Bibliografia..166

Índice 174

1

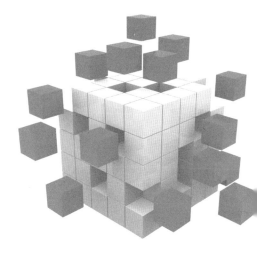

Introdução: a arte de escrever

Para publicar um artigo ou simplesmente concluir a dissertação de mestrado ou a tese de doutorado, é preciso, primeiro, escrever. Embora muita gente afirme que escrever é uma arte, penso que escrever bem tem muito mais de transpiração que de inspiração ou de dons inatos. Escrever, salvo raras possíveis exceções (não conheço alguma, mas admito que exista), não é um dom hereditário, e tem muito menos de intuitivo do que alguns conjeturam. Aprende-se e treina-se a escrever! Aprende-se lendo o que outros bem escreveram, notando os pormenores, a linguagem, como transmitem uma mensagem, a eficiência e eficácia da sua escrita, a organização do texto e como construíram a argumentação. Refiro a eficiência na escrita porque um texto não fica melhor se for mais longo do que seria necessário. Uma boa ideia pode ser transmitida em poucas palavras ou... não é uma boa ideia.

Em empreendedorismo referem o *"elevator pitch"* para simbolizar que uma ideia de negócio deve ser transmissível em 1 minuto. Portanto, retenha que o essencial de qualquer bom artigo pode ser resumido em uma ou poucas frases. Também refiro a eficácia porque é essencial que o texto transmita aquilo que se pretende. Como é que se torna um texto eficaz? É aqui

Capítulo 1

que entra muito da transpiração, porque é reescrevendo, reescrevendo, reescrevendo uma e outra e outra vez que a forma final do texto é conseguida. Recordo-me de um professor meu, de doutorado, o professor William Hesterly, que me dizia que só parava de trabalhar num texto depois de tê-lo reescrito todo, ter revisto todas as seções, todos os parágrafos, todas as frases e todas as palavras. Segundo Hesterly, uma primeira versão completa de um manuscrito representa cerca de 5 % de todo o trabalho até a versão final do manuscrito que é publicada.

Se escrever não é um dom inato, então pode ser aprendido, tal como se pode aprender a tocar um instrumento musical, a ler este livro, a desenhar, a cozinhar, a andar de bicicleta ou a usar faca e garfo à refeição. Nenhuma dessas atividades é simples. Você recorda quando era criança e lhe parecia um ato quase divino que com um conjunto de gestos de mãos e pulsos os cadarços dos sapatos ficavam amarrados? Com ensinamento e treino você também conseguiu. Com a pesquisa científica e sua redação a lógica é semelhante. Felizmente a maioria de nós não precisa treinar a escrita ao nível de um prêmio Nobel de literatura, mas a maioria de nós precisa comunicar por escrito com frequência, quer na vida privada quer na vida profissional. E, sabemos o "feio" que é e a "má impressão" que causa um texto mal escrito.

1.1 O que (ainda) falta na formação

Começo este livro com algumas considerações talvez pessoais. A primeira consideração vai para as debilidades que encontro, como professor e avaliador para periódicos, que poderiam ser colmatadas com uma formação, talvez mais especialmente no nível de mestrado e doutorado, que ensine a pensar cientificamente, a formular uma questão de pesquisa, a escrever corretamente uma hipótese, a identificar como o trabalho se posiciona na conversação em curso. Também necessário é o aprofundamento da formação ao nível das metodologias quantitativas e/ou qualitativas.

Há deficiências na formação de mestrado e doutorado que urge ultrapassar, apesar do imenso progresso que tem sido verificado na última década. Embora seja pedido aos estudantes que escrevam artigos, raramente os programas de mestrado e doutorado oferecem disciplinas que efetivamente ensinam a pensar e escrever de forma acadêmica e ainda menos com os requisitos necessários para publicação nacional ou internacional de qualidade. A maioria dos programas não tem disciplinas de redação de artigos, embora todos tenham disciplinas em que se exige aos estudantes que escrevam um artigo. Mas, como? Que qualidade têm esses trabalhos quando os estudantes não entendem adequadamente qual a estrutura do artigo, o que deve constar em cada seção, as regras de citação e referência – o que pode inclusive levar a problemas de plágio (ver Capítulo 9) –, o que são hipóteses, como se testam e reportam os resultados? Ou seja, penso que há espaço para melhorias nos próprios programas e talvez mais especialmente nos de doutorado. Ainda que existam inúmeras deficiências e lacunas, saliento em especial as sete vertentes que exponho em seguida.

A educação de mestrado/doutorado foca o que os estudantes precisam *saber* para poder ter o grau, mas raramente ensina os estudantes *a pensar* como um pesquisador. Pensar como pesquisador é substancialmente diferente de pensar como um consultor ou como estudante de graduação. Um relatório técnico é profundamente diferente de um artigo científico. De igual modo, os requisitos de um TCC (trabalho de conclusão de curso) são profundamente distintos dos de um artigo científico publicável. Pensar como pesquisador envolve entender o que é um trabalho científico, o seu objetivo. Envolve compreender o que é uma questão de pesquisa e todas as etapas do processo científico – que, aliás, dão a estrutura ao artigo.

Capítulo 1

Também não ensina como se juntar a uma ***conversação***. A conversação é, em essência, a área de conhecimento específica. Embora aprendam conteúdo e tenham de ler inúmeros artigos, os estudantes não entendem, muitas vezes, como posicionar o seu trabalho na literatura. O posicionamento na conversação começa logo nos primeiros parágrafos da introdução e é manifestado em todo o artigo, talvez com maior acuidade na revisão da literatura e na forma como se explicita a contribuição do artigo. Mesmo as referências usadas ajudem a posicionar o artigo.

A educação também tem ***deficiências*** substanciais na formação ao nível dos ***métodos quantitativos*** (entenda-se aqui a estatística necessária para os artigos). Embora todos os programas de *stricto* contenham disciplinas de métodos qualitativos e quantitativos, usualmente elas têm um peso francamente menor do que o que encontramos nos programas de doutorado norte-americanos. Ou seja, é provável que o peso das disciplinas em métodos quantitativos seja insuficiente. Talvez essa carência ajude a explicar, pelo menos em parte, as dificuldades de realmente penetrar na academia internacional. Sem essas competências, muitos jovens pesquisadores ou tendem a desvalorizar a estatística, enveredando por abordagens qualitativas, ou, pelo contrário, deslumbram-se com as estatísticas, perdendo de vista a contribuição e o posicionamento teórico. Por exemplo, noto que muitos alunos fazem estudos qualitativos, quando em áreas como estratégia e negócios internacionais a tendência é os periódicos publicarem estudos quantitativos (ver a respeito Phelan et al., 2002).

Ainda assim, não penso que o problema maior esteja na metodologia, mas sim na ausência de uma compreensão de quando a abordagem qualitativa é adequada e como realizá-la. Explicando melhor: é preciso saber fazer estudos qualitativos, e os estudantes precisam entender que o motivo para fazer um estudo de caso, por exemplo, não é apenas o acesso a informações secundárias ou o acesso a algum executivo na empresa. Qual a questão de pesquisa? Por que essa(s) empresa(s) e não outra(s)? O que o caso tem de distinto? Como a análise do caso se integra com a teoria? O que podemos aprender com o caso? De forma similar, as lacunas nas abordagens mais quantitativas padecem do "desconforto" com estatísticas – talvez na sequência do desconforto e dificuldade que já vem do ensino secundário com as matemáticas.

Não ensina a **gerir o processo** da escrita do artigo até a publicação. O que isso significa é que, por norma, a prática de escrever um trabalho, talvez para alguma disciplina, e submetê-lo imediatamente a um periódico não é a melhor prática. Os trabalhos precisam ser revistos, reescritos, as ideias mais bem focadas e apresentadas, o texto mais limpo de expressões dúbias, a contribuição mais bem explanada etc. Assim, a sugestão que dou é que cada trabalho precisa ser apresentado em evento, precisa ser exposto a críticas mais amigáveis de colegas e coautores, e depois precisa ser revisto a cada vez que alguém levanta alguma questão. Apenas depois de inteiramente revisto, de sujeito a críticas "amigáveis", de apresentado em conferências, deve ser enviado para periódico para eventual publicação. Então, é preciso que os estudantes entendam a importância de ter um *pipeline* de trabalhos em diferentes fases do processo: alguns submetidos, outros em fase de revisão, outros em fases mais iniciais.

E raramente ensina a **pensar um projeto** desde o início. Pensar o projeto significa efetivamente planejar. Não basta ter uma base de dados ou utilizar um questionário para coletar dados. Os dados de pouco servem sem teoria, sem hipóteses e sem uma ideia prévia de para que podem servir. Esse pensar envolve começar a projetar o artigo antes de começar a escrever, mesmo sabendo que desde o projeto inicial ao produto final pode haver grandes desvios. Planejar o projeto significa, inclusive, pensar a questão de pesquisa e pensar como poderemos interpretar os

Capítulo 1

resultados, se forem como prevemos ou, pelo contrário, se não forem os que antecipamos.

Os programas não ensinam a lidar com a **crítica** e a **rejeição**. Talvez esse seja um aspecto essencial, dada a dificuldade com que lidamos com a crítica. A realidade é que, quando as taxas de rejeição tão elevadas nas revistas, a rejeição é a norma. Como veremos adiante (ver Capítulo 6), em periódicos de topo em Administração, as taxas de rejeição podem ser superiores a 90 % dos artigos submetidos. Saber lidar com a crítica e a rejeição é um atributo essencial ao sucesso do jovem doutorado. Aqueles que não conseguem gerir os sentimentos provavelmente acabarão por abandonar a carreira ou simplesmente gerir o dia a dia com baixos níveis de produção. É importante reforçar junto aos estudantes que a rejeição é parte do processo, como forma de evitar frustrações e desistências futuras.

Reservo o comentário final para a qualidade da redação. A educação de mestrado e doutorado, usualmente, não ensina **como escrever**. Assume-se que a capacidade de comunicar na forma escrita é uma competência previamente adquirida, conhecendo todos nós, professores, que a realidade é que as competências de bem comunicar academicamente são diferentes e têm mudado. O fato é que se os estudantes não sabem escrever adequadamente precisam aprender, e não basta atribuir à formação anterior as lacunas, e assim fazê-las desaparecer. As lacunas de escrita começam ao nível das frases e até do uso das palavras. Ensinar a escrever também pode envolver abolir algumas ideias preestabelecidas como a que estipula que um bom trabalho científico usa um jargão mais denso que só intelectuais entendem. Ou que a utilização do definido "eu" ou "nós" é academicamente indesejável em favor do mais "modesto" indefinido, em que as coisas se fazem e se analisam ou estudam. Assumir a propriedade, ou autoria, não tem a ver com arrogância, até porque os artigos são assinados, mas com a construção de frases mais simples de ler e entender.

Introdução: a arte de escrever

Refiro inúmeras vezes que as dificuldades nos trabalhos estão logo ao nível mais básico da minha capacidade de entender o que leio. Ou seja, ao nível mais básico da redação. Trabalhos mal escritos dificilmente comunicam bom conhecimento. Note o exemplo no excerto seguinte. Este é um excerto escolhido, quase aleatoriamente, para ilustrar a dificuldade de comunicar que encontramos em trabalhos de muitos estudantes. A redação científica não pretende ser nem pretensiosa nem complexa. Deve, sim, ser clara e facilmente apreensível até por leitores menos familiarizados com construtos e teorias. Como afirmou Joan W. Bennett (editora da revista *Mycology*): "É difícil encontrar boa ciência em artigos mal escritos." No excerto seguinte, de um trabalho de um estudante, tente entender qual a mensagem.

> *"Hipotética, e inicialmente, supõe-se que realidades distintas, incutidas por lógicas distintas, podem conduzir a modos diversos de atuação, o que nos oportuniza conhecer, de modo contextualizado, propriedades específicas de um tipo organizacional em particular. Propõe-se adentrar, assim, por um espaço lacunoso, em busca de resultados qualitativamente distintos dos padrões já conhecidos na teoria.*
>
> *Dá-se ao resgate de algumas das publicações mais importantes da RBV – analisando-se especialmente a tratativa dada aos recursos – com o fito de suprimir, e construir, a ligação não efetivada entre a teoria e o tipo organizacional que se propõe estudar. Projeta-se que os casos empíricos sirvam, por uma via, como representações fenomênicas das quais se possam abstrair elementos fáticos que apoiam as ideias teóricas indutivamente construídas; por outra, como destino de aplicações conceituais decorrentes dessas mesmas ideias."*

Infelizmente, ainda falta domínio sobre a capacidade de comunicar eficaz e eficientemente na forma escrita. Pessoalmente, acredito que quem tem dificuldade de comunicar em texto terá, também, dificuldade de comunicar oralmente. Recordando a afirmação de Robert McMeeking, editor do *Journal*

Capítulo 1

of Applied Mechanics: "Todos os artigos escritos em inglês ruim são rejeitados no processo de *peer review* porque o conhecimento não pode ser compreendido no nível requerido para a publicação." Podemos estender essa afirmação para "todos os artigos mal escritos..."

1.2 As críticas ao foco na pesquisa

A pesquisa e a publicação são uma obrigatoriedade de professores pesquisadores nas universidades. Embora existam alguns críticos que consideram que o ensino é a função primordial do professor e que o foco na pesquisa pode desvirtuar essa vocação primordial, o ato de pesquisa não é totalmente desinteressado. Quais são os interesses associados à pesquisa? Além da satisfação pessoal da descoberta, da sensação de contribuir para o conhecimento acumulado no mundo e da recompensa que advém de trabalhar com colegas e estudantes em projetos de pesquisa, há outros benefícios. O próprio "valor" do professor é construído na qualidade do seu currículo científico – ou seja, pelas suas publicações, em volume e qualidade. A pesquisa também pode ter um impacto direto na remuneração do professor, dado que em algumas universidades há prêmios pecuniários pela produção e os professores de programas de mestrado e doutorado podem ter salários superiores aos dos que estão restritos a programas de graduação. Há, ainda, a considerar o prestígio de ser professor de mestrado, útil para as consultorias (que podem ser incluídas numa concepção ampla do que é a extensão, pelo serviço às empresas e agências públicas).

A pesquisa é importantíssima também para as próprias universidades, não apenas pelas regras governamentais – que no Brasil são reguladas pelo Ministério da Educação (MEC), mas, também, pelo impacto que tem nos rankings das universidades. Uma melhor posição nos rankings significa maior prestígio, e o prestígio atrai mais e melhores alunos, apoios de empresas e agências de fomento e melhores professores. A pesquisa alimenta, assim, um ciclo virtuoso nas universidades.

Apesar do exposto, temos de reconhecer que a profissão de professor no ensino superior universitário tem três grandes componentes: ensino, pesquisa e extensão. Foco aqui especialmente a pesquisa, não menosprezando a importância que o ensino tem na qualificação das gerações de jovens e menos jovens por intermédio dos quais o país se desenvolve, se formam consciências e se constrói uma melhor sociedade. Não desvalorizo igualmente as atividades de extensão, seja no envolvimento em ações sociais, na participação das atividades da academia contribuindo para os periódicos, revendo artigos, participando ativamente em conferências, nas consultorias que permitem melhorar as empresas e organizações públicas etc.

1.3 Estilo

O discurso acadêmico manifestado num artigo deve ser claro e rigoroso. Isso significa que num artigo as ideias devem aparecer organizadas de forma coerente e com fluidez. Não significa, porém, que o artigo tenha necessariamente de ser cinzentão e aborrecido. Também não significa que tenha de abusar do jargão técnico como forma de afirmar o seu conhecimento. No entanto, não tenho memória de alguma vez ter ouvido dizer que algum artigo tenha sido rejeitado de publicação por ser "chato". Desconfio, no entanto, da minha própria experiência como revisor, que o estilo influencia tanto positiva como negativamente a percepção do leitor. A verdade é que um discurso "chato" transpira a "chatice" para o conteúdo e massacra o leitor, que fica "chateado" da leitura. Para tornar o discurso menos chato, basta pensar em alguns pontos essenciais:

> ➢ Primeiro, ponha-se no lugar do leitor. Costumo dizer aos meus alunos que me procuram em busca de orientação para

Capítulo 1

a realização dos trabalhos e me questionam sobre o que incluir e não incluir para imaginarem que estão escrevendo uma apostila sobre um tópico específico do programa. Se pensarem que a "apostila" está interessante de ler, então o trabalho provavelmente estará menos "chato".

> Para os trabalhos mais acadêmicos, e destinados à submissão a um periódico, o principal conselho é terem em atenção a sua audiência. O que é que isso significa, se eu nem sei quem vai ler a revista? De fato, periódicos como os da Academia de Gestão (*Academy of Management*) são subscritos por vários milhares de professores e estudantes de mestrado e doutorado em todo o mundo. No entanto, uma pequeníssima parte dos artigos publicados será lida por mais de meia dúzia de pessoas, e mesmo dentre esses artigos uma parte ainda menor será citada por outros autores. Ou seja, quem lê o periódico? Essa é a audiência adequada ao seu artigo? Assim, a escolha do periódico é muito importante e entender quem é a audiência que poderá ter interesse em ler o artigo já ajuda a entender o que se deve incluir e o que não incluir.

Outra componente de estilo prende-se ao tipo de trabalho. No decurso da formação acadêmica é exigido aos estudantes que escrevam trabalhos individuais e de grupo para avaliação das disciplinas. Chamamo-los de *papers*. Alguns desses *papers* têm um maior cariz de revisão de literatura, obrigando os estudantes a longos processos de pesquisa e coleta de artigos, na sua análise, no entendimento de como são idênticos e no que diferem. Outros *papers* podem ter um cariz mais empírico, para treinar a entender os dados, as técnicas estatísticas disponíveis ou as abordagens qualitativas, se for o caso. Há, ainda, uns *papers* que podem ser conceituais, em que se pretende que o estudante leia e formule as suas ideias originais. Cada tipo de trabalho tem especificidades de estilo e de forma, como veremos adiante.

Introdução: a arte de escrever

O estilo de escrita e organização precisa ser adaptado ao que se escreve. Há diferenças substanciais entre escrever um livro, um artigo para revista, um artigo para a mídia, um texto num blog, uma tese ou dissertação, um relatório, um relato técnico, um projeto de consultoria. Cada tipo de trabalho tem as suas especificidades. No caso dos estudantes, estes têm, também, de considerar as especificidades do orientador. Meu foco aqui incide apenas em artigos, mas assumo, talvez um pouco simplisticamente, que uma tese ou dissertação é pouco mais que um artigo expandido. Também é importante entender que uma dissertação de mestrado tem requisitos distintos de uma tese de doutorado no nível da criação de conhecimento (embora na prática muitas vezes se diluam essas diferenças para além do que seria desejável). E, finalmente, há as idiossincrasias usuais que notamos entre, por exemplo, um artigo empírico e um artigo baseado num estudo de caso ou um artigo conceitual/teórico. Embora existam todas as regras e normas, há algum espaço para alguma flexibilidade de que o autor pode usufruir. Pouca flexibilidade, mas alguma.

1.4 Por que escrever para publicação

Submeter o trabalho científico à revisão pelos pares para futura (potencial) publicação em periódico é uma etapa (quase) obrigatória. Essa é a etapa final de validação do estudo. Os pesquisadores querem publicar os seus trabalhos por satisfação pessoal, valorização profissional (seu emprego e progressão na carreira podem depender das publicações) e remuneração. Um currículo com publicações em periódicos de maior reputação facilita a obtenção de financiamento para pesquisas futuras junto a agências de fomento (por exemplo, o CNPq ou as fundações de amparo à pesquisa) e pode ser gerador de convites para outros projetos. Bons currículos de pesquisadores prolíficos têm demanda internacional por universidades em todo o mundo. Para as instituições, as publicações são um requisito avaliado pelas agências reguladoras – no Brasil a Capes (Coordenação de Aperfeiçoamento de Pessoal de Nível Superior).

Capítulo 1

1.5 Quais as lacunas mais frequentes

Uma pergunta recorrente é quais são os principais problemas nos artigos que eu vejo. Não é fácil dar uma resposta taxativa porque há, efetivamente, grande variação. Ainda assim, enumero alguns dos mais frequentes:

> - Deficiências no texto (mal escritos).
> - Não seguem uma estrutura convencional (tradicional).
> - Não explicitam a questão de pesquisa de forma clara, dificultando que o leitor entenda qual o propósito do artigo.
> - Não dizem qual a contribuição do artigo.
> - Proposições ou hipóteses mal formuladas.
> - Deficiências na abordagem metodológica (não são claras qual a amostra, quais as variáveis e como foram mensuradas, testes estatísticos inadequados).
> - Reporte deficiente dos resultados, que não mostram os testes das hipóteses, são incompletos e dificultam que o leitor entenda as conclusões do artigo.
> - Na discussão, não há a integração entre a questão de pesquisa–teoria–resultados.

1.6 O que é difícil em escrever

Há inúmeros aspectos que tornam o exercício de escrever difícil e que alimentam "desculpas" para não o fazer. No entanto, para muitos professores pesquisadores, tal como para estudantes de mestrado e doutorado, escrever não é realmente uma opção. Entender as barreiras e as dificuldades é essencial para entender que competências precisa melhorar para conseguir publicar. Repito aqui que a capacidade de lidar com a crítica e a resiliência à rejeição são atributos cruciais para uma carreira acadêmica como pesquisador. A crítica e a rejeição são

Introdução: a arte de escrever

a norma na profissão e apenas podemos apreciar o esforço, mas valorizamos os resultados (as publicações).

Os estudantes sentem a dificuldade de definir sobre o que escrever. Os pesquisadores mais juniores têm a dificuldade de iniciar um projeto. Outros apontam "desculpas" como não haver benefício, os colegas que também não publicam, as tarefas burocráticas que consomem tempo, a família, as dificuldades de publicar na área, as deficiências com o inglês, as consultorias, entre muitas outras. Talvez mais significativo seja o medo da rejeição, ou o medo de não conseguir, e a consciência das próprias debilidades. Mas, enquanto é importante entender qual a fonte das suas preocupações, também é importante entender que você só irá publicar se escrever. Portanto, comece já!

Procure desenvolver o hábito de escrever todos os dias – não apenas ler. Assuma o compromisso consigo próprio de que todos os dias precisa escrever um pouco, mesmo que apenas por 30 minutos ou uma hora. Para identificar tópicos que possam interessar (não há uma fórmula que nos diga o que é um tópico interessante), não concentre todas as suas leituras em uma área específica porque leituras em outras disciplinas podem originar novas ideias para recombinações de conhecimentos. Inclusive, procure inspiração na mídia, não precisa ficar restrito a artigos acadêmicos. Mas, leia e leia muito. Ao ler artigos, analise o que os autores fazem e o que não fazem. Lembre-se de que todos os estudos envolvem definir uma questão de pesquisa bem delimitada, deixando, assim, todo o resto de fora. Nunca um artigo contém toda a resposta a um dado problema.

1.7 Discussões metodológicas

Não entro em discussões sobre metodologia, nem sobre a utilização de métodos quantitativos ou qualitativos. A utilização do método depende da questão de pesquisa a que se pretende responder, e o método não é o centro do trabalho. O centro está na teoria e no desenvolvimento conceitual.

Ainda assim, como me questionam que metodologia é mais utilizada, em especial, no campo da estratégia e dos negócios internacionais, minha resposta é que há evidência de que seja a quantitativa. Phelan, Ferreira e Salvador, num estudo publicado em 2002 no *Strategic Management Journal* sobre os tipos de artigos publicados ao longo das duas décadas anteriores, mostram o crescimento de estudos quantitativos (ver Figura 1.1). No entanto, isso não significa que as abordagens empíricas são melhores, apenas que em estratégia têm sido mais utilizadas ou publicadas nesse periódico, que é o principal na área da estratégia empresarial.

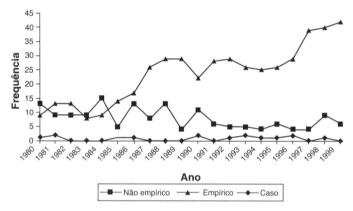

FIGURA 1.1 Evolução das publicações em estratégia.

(Fonte: Phelan, S., Ferreira, M. e Salvador, R. (2002). The first twenty years of the Strategic Management Journal, *Strategic Management Journal*, 23: 1161-1168.)

1.8 Tempo e lugar

Outra questão frequente prende-se ao tempo e ao local para trabalhar nos artigos. Cada pessoa tem o seu ritmo e as suas preferências. A alguns incomodam os ruídos, pelo que locais públicos como padarias, bibliotecas e mesmo gabinetes em universidades podem não se revelar produtivos. Nesses casos sugiro que procure trabalhar em locais que permitam reclusão, seja numa casa de campo ou à noite. Outros conseguem abstrair-se dos ruídos à sua volta e até preferem estar em locais com movimento.

Também não há um tempo certo. Alguns autores precisam de grandes períodos de tempo, como dias seguidos, sem distrações e a necessidade de realizar tarefas burocráticas, dar aulas ou atender alunos, para se "ligarem" realmente ao trabalho de pesquisa, leitura e escrita. Outros pesquisadores e estudantes, porém, conseguem usar todos os momentos livres de tempo para ir lendo e escrevendo.

O fundamental é que você encontre o seu equilíbrio e seja produtivo. O trabalho acadêmico exige persistência e resiliência, mas, também, boa capacidade de gestão do tempo. Sugiro que comece com uma regra: um dia sem escrita não foi um dia produtivo.

1.9 Coautorias

Em face da evidência (que encontramos em inúmeros estudos bibliométricos) de que a pesquisa científica publicada é crescentemente em coautoria (Phelan et al., 2002; Wray, 2002), importa entender se as coautorias são realmente importantes e para que servem. Entre os estudos que mostraram o crescimento na publicação de artigos em coautoria em diversas disciplinas encontramos, por exemplo, Phelan, Ferreira e Salvador (2002) em estratégia, Urbancic (1992) em contabilidade, Modi et al. (2008) em medicina, e nos periódicos de Administração, Manton e English (2007), que computaram que os artigos em coautoria aumentaram de 36 % em 1970-72 para 77 % em 2000-02. Thagard (1999) notou que nos anos 1990 os artigos na *Physical Review Letters* tinham uma média de 5,5 autores. Cronin (2002) observou que no *Journal of Neurosurgery* o número médio de autores aumentou de 1,8 para 4,6 entre 1945 e 1995. Hardwig (1985) relatou que alguns artigos em física tinham lis-

Capítulo 1

tados mais de cinquenta autores. Cronin (2002) observou que em 1994 havia 182 artigos com 100 ou mais autores listados.

Quais são os benefícios da coautoria? Os benefícios das colaborações para a ciência são relativamente bem entendidos. Manifestam-se, por exemplo, no aumento da qualidade dos artigos, aferido, por exemplo, pela quantidade de citações aos trabalhos (Beaver, 2004). Também na complementaridade de competências e habilidades que pode permitir novas descobertas (Hardwig, 1985; Thagard, 1999). E em ultrapassar as dificuldades em escrever e as lacunas de competências (Serra, Fiates e Ferreira, 2008). Mas, efetivamente, são vários os fatores responsáveis pelo crescimento que se tem verificado nos trabalhos em coautoria (ver, por exemplo, Cronin, 2012):

(1) a maior profissionalização da ciência, que tem criado universidades, periódicos, centros de pesquisa e uma relativa mutação no próprio perfil do corpo docente em algumas universidades, que se tradicionalmente contavam com consultores e executivos com experiência profissional, têm hoje maior dotação de pesquisadores formados para a produção acadêmica;

(2) a emergência das agências de fomento internacionais, nacionais e estaduais, que apoiam financeiramente projetos de pesquisa acadêmica;

(3) a emergência da pesquisa entre os principais critérios de avaliação das universidades e dos programas, em especial de pós-graduação;

(4) a maior dificuldade de publicar nos principais periódicos internacionais, em parte graças à maior concorrência por espaço, porquanto pesquisadores emergem de países que não tinham uma tradição em pesquisa, da América Latina ao Sudeste Asiático;

Introdução: a arte de escrever

(5) o impressionante crescimento do conhecimento gerado diariamente, em face do volume de apenas alguns anos atrás;

(6) o aumento da exigência de qualidade nos artigos para publicação, exigindo que pesquisadores procurem parceiros com competências complementares;

(7) a necessidade de coletar grandes bases de dados.

Aqui tratamos a real coautoria e não a "*ghost authorship*" ou "*gift authorship*" – quando um pesquisador não contribui substancialmente para um artigo, mas é nomeado coautor.

Para os estudantes de mestrado e doutorado, minha recomendação é veemente: procure criar boas relações de coautoria. Procure estender a sua rede de bons coautores. Aproveite os colegas, outros pesquisadores de outras universidades, conhecimentos em conferências, e promova ativamente as relações de pesquisa. Escrever com coautores pode ser melhor, especialmente para estudantes e jovens pesquisadores, e talvez ainda mais especialmente quando conseguem estabelecer relações de coautoria com pesquisadores mais experientes. Por outro lado, os colegas mais jovens poderão ser mais empenhados e comprometidos em avançar o artigo até sua publicação. Sua carreira pode depender de conseguirem publicar em bons periódicos. Adicionalmente, esses mais jovens poderão ter menos tarefas burocráticas e, assim, ter mais tempo disponível para se dedicarem à pesquisa.

O fundamental, e infelizmente nem sempre feito, é que sejam estabelecidas imediatamente as regras da coautoria com potenciais coautores. Quem será o primeiro autor? Quantos autores? Quem é o líder no projeto? Quais as responsabilidades de cada coautor? Quem faz a leitura final?

Capítulo 1

SUGESTÕES DE LEITURA

Para se preparar melhor para pensar a pesquisa, entender os seus formalismos, cuidados na redação e todo o processo da pesquisa científica, em especial em Administração, sugiro algumas leituras.

Booth, W. Are you an author? Learn about Author Central. Colomb, G. e Williams, J. (2008). *The craft of research*. 3.ed. Chicago: MA: University of Chicago Press.

Eisenhardt, K. (1991). Building theories from case study research. *Academy of Management Review*, 16: 620-627.

Huff, A. (1999). *Writing for scholarly publication*. Sage.

Serra, F., Fiates, G. e Ferreira, M. (2008). Publicar é difícil ou faltam competências? O desafio de pesquisar e publicar em revistas científicas na visão de editores e revisores internacionais. *Revista de Administração McKenzie*, 9(4): 32-55.

Sutton, R. e Staw, B. (1995). What theory is not. *Administrative Science Quarterly*, 40: 371-384.

Volpato, G. (2008). *Publicação científica*. 3. ed. São Paulo: Editora Cultura Acadêmica.

_____. (2010). *Pérolas da redação científica*. 1. ed. São Paulo: Editora Cultura Acadêmica.

Weick, K. (1989). Theory construction as disciplined imagination. *Academy of Management Review*, 14: 516-531.

Whetten, D. (1989). What constitutes a theoretical contribution? *Academy of Management Review*, 14: 490-495.

Williams, J. (2000). *Style*: Ten lessons in clarity and grace. 6th ed. New York: NY: Addison Wesley Longman, Inc.

2

O trabalho científico

Uma das grandes dificuldades que os estudantes têm é como definir o tema e, depois, como chegar à questão de pesquisa em que os professores insistem. Essa dificuldade emerge, pelo menos em parte, porque não entendem qual o objetivo e as normas do processo de pesquisa e seus resultados. Assim, alguns alunos procuram que os seus trabalhos sejam "realmente importantes". Recordo um aluno meu de mestrado que queria, por meio da sua dissertação, resolver os problemas de energia no mundo. Nem sempre é fácil dissuadir um estudante de tão nobre objetivo. Mas é interessante, enquanto professores, questionarmo-nos quanto ao que significa aquele "realmente importante" e como explicar ao estudante a importância de definir a questão de pesquisa e, no fundo, o que é uma dissertação ou tese.

2.1 Como chegar à questão de pesquisa

Para explorar os seus interesses e encontrar um tópico de pesquisa, o pesquisador deve focar numa questão de investigação exequível, que guie o seu trabalho.

Capítulo 2

Em termos práticos, sugiro que siga estas onze etapas:

1. Comece por listar dois ou três temas de interesse que você gostaria de explorar um pouco mais. Ou seja, áreas em que pensa que tem interesse, seja por questões pessoais, por proximidade a assuntos que ouviu em aulas, por experiências profissionais prévias ou até por notícias na mídia.

2. Pesquise um pouco sobre os temas, buscando nas bases de dados, no Google Scholar, Repec, Proquest, ABI Inform etc., e leia os artigos.

3. Converse com professores e com colegas a respeito desses temas e das suas ideias. Converse com o seu orientador a esse respeito. Esteja atento a potenciais "dicas" que surjam dessas conversas.

4. Não fique à espera de que se forme na sua mente uma ideia clara de todo o trabalho. A realidade é que a ideia vai ficando mais clara à medida que você vai trabalhando sobre ela. E trabalhar significa ler, escrever e debater.

5. Uma vez delimitado o tema, procure dentro do tema um tópico que lhe interesse. Novamente as leituras e as conversas com o orientador podem ser úteis. Por exemplo, alianças estratégicas internacionais é um tema, mas não é ainda uma questão de pesquisa. O que dentro de alianças estratégicas? Com que teoria? Um tópico seria, por exemplo, as alianças com múltiplos parceiros, as alianças para projetos específicos, a longevidade das alianças, a seleção dos parceiros em indústrias de alta tecnologia etc. No entanto, ainda só chegou ao tópico e precisará definir a questão de pesquisa específica do seu trabalho.

   É importante, nesse processo de definição da questão de pesquisa, que você entenda que alguns tópicos são simplesmente demasiado amplos para explorar. Uma boa questão de pesquisa precisa ser suficientemente delimi-

O trabalho científico

tada, inclusive para ser realizável. Assim, em vez de procurar entender todas as estratégias das empresas, procure apenas entender, por exemplo, o impacto das relações com o governo na forma de expansão internacional, ou nos mercados externos para onde se internacionaliza. Note que esse exemplo mostra como encolhemos o tema e selecionamos uma área mais específica para analisar. Em vez de buscar entender toda a estratégia, apenas analisaremos o impacto de uma dimensão (relações com governo) no modo de entrada no país estrangeiro escolhido. Mas, novamente, importa notar que há tópicos tão estreitos que possivelmente você não encontrará dados secundários para realizar o estudo e precisará coletar dados primários. Assim, há um impacto da questão de pesquisa na metodologia adotada no estudo.

6. Note como alguns tópicos são demasiado amplos para explorar. Por exemplo, se baixar toda a literatura sobre alianças estratégicas, você coletaria centenas, ou milhares, de artigos publicados em periódicos. É fundamental estreitar o tópico. Assim,

7. Faça pesquisas usando várias palavras-chave, que permitam delimitar o tópico.

8. Identifique o que lhe parecem paradoxos, diferentes posições da teoria, indicações de outros autores sobre estudos futuros.

9. Uma vez delimitado o tópico, importa agora definir a questão de pesquisa.

10. Antes de avançar no trabalho, desenvolva duas, três ou quatro possíveis questões de pesquisa – que devem ser frases curtas e claras a respeito de um propósito – e debata-as com o orientador.

11. Escolha uma das anteriores para o seu trabalho.

Capítulo 2

2.2 Do tópico à questão de pesquisa

Após as leituras e debates, o que você sabe sobre o tópico? Questione-se sobre quem publica sobre o assunto. Em que periódicos o assunto surge? Por que o assunto é estudado, e como? Quais as teorias usadas no estudo? Que metodologias têm sido adotadas? Que construtos têm sido usados? E que fontes de dados? Como o estudo tem evoluído (ou seja, o que já é conhecimento bem estabelecido)? E procure identificar algo que ainda não se sabe.

A MINHA CONTRIBUIÇÃO É ESTUDAR O BRASIL

Uma recomendação: muitos estudantes, após lerem os artigos, chegam à conclusão de que já há muitos estudos, mas que nunca foram feitos estudos semelhantes no Brasil. Assim, se dispõem a replicar um estudo num contexto diferente: o brasileiro. Não há nada de mal em replicações, mas tenha em mente que, usualmente, não basta o contexto empírico ser diferente. É essencial que você entenda o que se esperaria que fosse diferente nesse contexto e que justifica o estudo, e qual a contribuição para o conhecimento das eventuais diferenças que possam emergir do estudo.

Pensar na contribuição do estudo é relevante e tem impacto na concepção do seu estudo porque você precisa antecipadamente pensar o que o contexto poderia trazer de diferente para a teoria. Se os resultados forem efetivamente diferentes, como essas diferenças se explicam? E se forem iguais, o que podemos concluir? Qual a contribuição no caso de os resultados serem iguais?

Quando você chega, de fato, à sua questão de pesquisa, precisa entender aspectos que lhe permitem realizar o estudo, tais como:

> ➤ Quais os conceitos e teorias centrais, e como estas têm sido usadas?

O trabalho científico

> Como a questão de pesquisa se pode desdobrar num conjunto de hipóteses testáveis?

> Quais os construtos fundamentais, e como se relacionam?

> Que metodologia é melhor adotar para testar as hipóteses (e responder à questão de pesquisa)?

> Que dados são precisos? Primários ou secundários? Se primários, junto a quem coletar? Se secundários, eles estão disponíveis?

Portanto, a questão de pesquisa é essencial no trabalho acadêmico. O objetivo de um trabalho não é reportar as leituras de livros e artigos, nem fazer resumos de textos ou sumariar o que você aprendeu nas suas leituras. Antes, o objetivo é responder a uma questão de pesquisa, preenchendo, assim, uma lacuna no conhecimento do tópico que você se propôs aprofundar.

Lembre-se de que cada trabalho tem apenas UMA questão de pesquisa – ainda que, como veremos, a questão de pesquisa possa dar origem a várias hipóteses (no Brasil é comum as dissertações e teses conterem uma discriminação de objetivos gerais e objetivos específicos, mas estes não são a questão de pesquisa).

2.3 O processo de pesquisa

A investigação científica é um processo de inquérito sistemático que visa fornecer informação para a resolução de um problema, ou obter uma resposta a uma questão. Possivelmente a questão será demasiadamente complexa e um só estudo pode não ser suficiente para responder à totalidade da questão. O conhecimento evolui, assim, oferecendo respostas parciais a partes da questão até que um todo coerente seja divisado.

O trabalho científico deve, portanto, ser visto como um processo, o processo sistemático de coleta e análise de dados

Capítulo 2

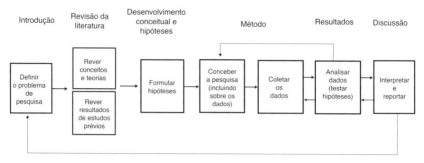

FIGURA 2.1 Etapas no processo de pesquisa.

para melhorar o nosso entendimento de um fenômeno relevante. Esse processo, que é ilustrado na Figura 2.1, envolve três grandes etapas: (1) planejamento, (2) coleta de dados e (3) análise. Essas três etapas têm vários passos, como se observa na figura.

No início do processo, temos a formulação do problema ou questão. Um estudo precisa ter um objetivo, que é resolver, ainda que parcialmente, uma dúvida ou problema. Mas, na procura de resposta, é preciso seguir um plano, um conjunto de procedimentos. A prática corrente é dividir a questão principal (questão de pesquisa) em subquestões mais "geríveis" (as hipóteses) que guiam a pesquisa. Os procedimentos seguintes envolvem a definição da amostra, a coleta de dados e a interpretação dos dados para resolver o problema.

Podemos, assim, identificar algumas características do método científico: um objetivo definido, um processo de pesquisa detalhado, uma concepção da pesquisa pensada de modo a obter os dados que melhor se ajustam aos testes que precisam ser realizados, a identificação de limitações do estudo, mas que poderão ser ultrapassadas em estudos futuros, ... e tudo seguindo os mais elevados padrões éticos.

O trabalho científico

No próximo capítulo analiso a estrutura convencional de um artigo acadêmico em Administração (em que pesem as diferenças que existem entre disciplinas e especificidades impostas por periódicos). Mas, antes de prosseguir na leitura, observe os títulos na parte superior da figura. Esses títulos – que são a designação das etapas – corresponderão às diferentes partes de um artigo.

3

A estrutura de um artigo

Muitos estudantes têm dúvidas sobre a melhor forma de organizar um trabalho. A preocupação é bem fundamentada porque a clareza do trabalho passa, em parte, pela sua organização. É ao estabelecer a organização do trabalho que o estudante, ou pesquisador, decide a ordem das coisas e o fluxo do texto. Assim, nem sempre é boa ideia deixar para no fim fazer o índice. Idealmente um índice genérico deveria ser a primeira coisa a fazer-se porque permite imediatamente clarificar o que vai constar no trabalho. Neste livro não posso especificar todas as formas, ou estruturas, possíveis para os diferentes tipos de trabalhos, mas posso definir um modelo geral que, com adaptações ao tipo de trabalho específico, pode ser utilizado. Esse modelo que apresento em seguida é o usual em Administração e pode ser confirmado lendo os artigos nos periódicos da Academy of Management, Strategic Management Society, ou Academy of International Business, por exemplo.

Um artigo acadêmico em Administração é estruturado nas seguintes partes (indicadas por ordem que surgem no manuscrito): capa (onde se incluem o título e dados dos autores), resumo (incluindo palavras-chave), introdução, revisão de literatura, desenvolvimento conceitual e hipóteses, método, resultados, discussão, conclusões e, por fim, as referências. Essa estrutura típica deve ser seguida. Admitem-se, claro, duas variações mais usuais: um artigo apenas conceitual, ou teórico, no qual não haverá toda a componente de método e resultados, e um artigo baseado no estudo de um caso, no qual haverá a necessidade de adaptar o que consta do método.

Os autores podem dar uma designação diferente às seções; por exemplo, não precisam designar por "Revisão de literatura", podendo dar outro título à seção, como "A visão baseada nos recursos na pesquisa em negócios internacionais". O que se altera não é o conteúdo, mas antes o título ou subtítulo, que passa a ser agora descritivo do real conteúdo da revisão de literatura.

Recomendo que, independentemente da estrutura que aqui analiso, antes de submeter a um periódico, você siga cuidadosamente as instruções para os autores que o periódico define. De modo geral, isso significa relativamente pequenas alterações ao modelo-base que apresento aqui, mas ainda assim são altera-

---

COMPONENTES DE UM ARTIGO DE REVISTA

Capa:
    Título
    Nome(s) do(s) autor(es)
    Afiliação dos autores (instituição, endereço e contato)
    (incluem-se aqui os agradecimentos)
Resumo (e palavras-chave)
Introdução
Revisão da literatura
Desenvolvimento conceitual e hipóteses (ou proposições)
Método
Resultados
Discussão
Conclusões
Referências
Anexos

Capítulo 3

ções que importa fazer. Examino, em seguida, cada uma das partes do manuscrito explicando o seu objetivo e dando sugestões para a sua construção e redação.

Embora alguns estudantes utilizem a capa do trabalho para impressionar o professor pelo grafismo, usando e abusando de cores e efeitos (estilos, tamanhos de letra e imagens), poucos são os professores que se deixam impressionar por esses efeitos gráficos. Os periódicos não publicam artigos com cores e grafismos diversos, e as universidades têm, usualmente, regras rígidas sobre o que deve constar na capa de uma tese/dissertação. A capa é um formalismo que se deve pautar pela sobriedade e conter um conjunto de informações:

- ➤ Título do trabalho
- ➤ Nome(s) do(s) autor(es)
- ➤ Instituição de ensino, endereço, e-mail

3.1 Título

O título é um elemento essencial no artigo porque é o primeiro contato com um potencial leitor, que pode, também, ser o último. Quando se faz uma pesquisa, seja no Google ou numa base de dados como a ProQuest, ABI Inform, B-On, EBSCO, ou outra, o título é o resultado que aparece e é com base nele que o leitor decide se interessa baixar e ler o resumo e o artigo. Assim, é importante que o título capte a atenção do leitor. Mas o que significa isso na prática? Que o título deve ser empolgante e criativo? Certamente essas características são sempre úteis, mas o fundamental é que o título seja um reflexo real (e o mais específico possível) do conteúdo do artigo. Ainda assim, alguns autores sacrificam a coerência entre título e conteúdo, o que pode ser uma falha letal no processo de revisão. Usando a analogia de um filme, quando vamos ao cinema usamos alguns indicadores para saber se o filme nos interessa, como: pelo título, se estamos perante um filme de ação, de ficção, ou de suspense; pelos atores reforçamos essa percepção. Um filme com o título "Um romance inesquecível" não deve ter um enredo próprio de ficção científica e certamente não esperamos que Arnold Schwarzenegger seja o ator principal. Uma lógica semelhante é seguida nos artigos. Ao ler o título, o leitor (ou o revisor) fica imediatamente enviesado para um determinado assunto, teoria ou tema e dificilmente entenderá um artigo cujo corpo do texto não cumpra as expectativas que foram geradas quando leu o título.

Embora seja comumente dito que autores experientes sabem tornar um título e resumo atrativos, a minha sugestão é que comece a contar a história logo no título. Isso significa que você pode incluir elementos fatuais ou uma especificação da teoria, das relações que pretende formular ou mesmo do contexto ou amostra. O objetivo é criar imediatamente, pela leitura do título, uma determinada ideia na mente do leitor (ou revisor). Assim, sugiro que evite extravagâncias no título e, antes, use o título para posicionar o artigo e atrair os leitores que efetivamente poderão ter interesse no trabalho.

3.2 Resumo

O resumo é um elemento obrigatório em qualquer artigo científico submetido a periódico e conferência. É, também, o primeiro elemento a seguir ao título. É no resumo que o leitor fica com a ideia mais concreta do que o artigo trata, ganhando uma perspectiva geral do que é o manuscrito, que tópico, que contexto, que metodologia, e com que resultados principais.

Não há regras universais para a elaboração do resumo para além de que seja breve e esclarecedor do conteúdo do trabalho. Algumas revistas, como as da editora Emerald, já definem uma estrutura do que pretendem ver nos resumos. Usualmente essas estruturas pedem que os autores organizem os resumos da seguinte forma: objetivo, design/método,

Capítulo 3

resultados, limitações, implicações para a teoria e/ou prática, originalidade. Outras revistas impõem limitações no número de caracteres, ou de palavras, no resumo. Para o autor, além de respeitar as normas específicas do periódico para o qual pretende submeter o seu manuscrito, é importante que o resumo seja atrativo, sem desprezar a necessidade de refletir o conteúdo do manuscrito.

RESUMO ESTRUTURADO

Os autores devem fornecer um resumo estruturado que inclua os seguintes elementos (estes atendem à estrutura da editora Emerald):

> Purpose (objetivo)

> Design/methodology/approach (metodologia)

> Findings (resultados)

> Research limitations/implications (limitações/implicações) – se aplicável

> Practical implications (implicações para a prática) – se aplicável

> Social implications (implicações sociais) – se aplicável

> Originality/value (Originalidade) – se aplicável

Máximo de 250 palavras
Ver em: http://www.emeraldgrouppublishing.com/authors/guides/write/abstracts.htm

---

O objetivo do resumo é dar uma ideia geral do trabalho, sem a análise crítica do(s) autor(es), pondo em evidência alguns dos elementos essenciais do trabalho de modo que o leitor possa rapidamente entender do que se trata e como. Assim, o resumo deve apresentar o tema, dando uma orientação clara da questão de pesquisa, as questões metodológicas (indicando qual a metodologia, amostra, procedimentos), resultados principais e contribuição. Talvez seja útil, pelo menos numa primeira abordagem, pensar que a contribuição é "o que se aprende neste trabalho".

A formatação do resumo deve seguir a do restante do texto, sendo o resumo identificado com a palavra RESUMO (escrita em letras maiúsculas e em negrito, centrada na página), atendendo às normas de submissão da publicação a que está sendo submetido.

O resumo ***não*** é um espaço para a apresentação tipificada dos assuntos tratados, de gráficos ou tabelas, de problemas na coleta de dados ou do seu tratamento, de todos os resultados dos testes estatísticos (se o estudo for empírico), do esforço e tempo usados pelo pesquisador, nem de apresentação da empresa (se for um estudo aplicado), e não deve conter a indicação que foi feito no âmbito dessa ou daquela disciplina. O resumo também não deve conter referências bibliográficas, exceto se absolutamente necessárias. Quando pode ser necessário incluir uma referência num resumo? Possivelmente se o trabalho é baseado num artigo anterior ou, por exemplo, se for um estudo bibliométrico de uma dada obra.

3.3 Palavras-chave

Embora as palavras-chave não sejam uma seção isolada do artigo, se seguem ao resumo e merecem aqui breve menção. Recordo que quando fazemos pesquisas utilizamos um conjunto de palavras-chave para identificar potenciais leituras relevantes. As palavras-chave fornecidas pelos autores são, assim, relevantes quer para que surjam nessas pesquisas, quer para efeitos de catalogação em bases de dados. E, é possível que o editor se baseie nas palavras-chave indicadas para escolher possíveis revisores. Assim, palavras-chave inadequadas podem levar potenciais leitores a não encontrar o artigo, a este se perder por catalogação imprópria e, antes, a ser rejeitado por revisores que não são da área.

Sugiro que você escolha as palavras-chave que melhor revelam o conteúdo do artigo e que evite palavras-chave de-

Capítulo 3

masiado genéricas como "estratégia empresarial", "negócios internacionais", "competitividade" etc., que pouco esclarecem sobre o que o artigo trata.

3.4 Introdução

A introdução é, frequentemente, uma das seções do artigo mais difíceis de escrever. Embora seja boa ideia começar a escrever pela introdução, é importante que a introdução e a conclusão sejam as últimas partes a ser revistas e reescritas. Aliás, todo o processo de escrita requer constantes iterações de escrita e reescrita de todas as seções. Dessa forma, quando todo o corpo do trabalho estiver escrito, volte à introdução para ajustar os últimos detalhes e garantir que está bem integrada em face de todo o corpo do trabalho. Verifique se a apresentação da metodologia está correta, se os principais resultados que quer efetivamente destacar estão na introdução e, fundamental, se o texto sobre a contribuição do artigo está claro.

A introdução não deve ser excessivamente longa. Afinal, é só uma introdução. Se pensar na extensão, usualmente recomendo que planeje umas três páginas ou cerca de cinco ou seis parágrafos. Podem ser quatro? Sim. Podem ser sete? Em casos muito específicos até que podem, mas provavelmente é exagerado. Aliás, a extensão da introdução provavelmente será ajustada à complexidade conceitual, ou teórica, do artigo. Assim, sugiro que siga a seguinte regra: quantas mais teorias e construtos utilizar, mais provável é que precise proporcionar esclarecimentos e explicações logo na introdução.

O que contém a introdução? A introdução deve conter:

a) uma apresentação geral do tema, importância e relevância do seu estudo;

b) breve análise da literatura existente;

c) a questão de pesquisa, enquadrada numa lacuna que identifica;

A estrutura de um artigo

d) breve indicação da metodologia (como você realizou o estudo para preencher a lacuna);

e) principais resultados;

f) contribuição (ou implicações – especialmente relevante em periódicos dirigidos para gestores ou com foco em política pública);

g) (eventualmente) a estrutura do trabalho.

Como organizar a introdução para conter os aspectos enunciados anteriormente? Pense em começar por organizar a introdução aproximadamente como segue, entendendo-se, no entanto, que há flexibilidade. Começar com a apresentação do problema, relevância ou interesse do tema. O problema é o assunto que investiga. Depois mostre a literatura existente. Note que terá uma seção inteira para revisão da literatura, pelo que essa abordagem precisa ser parcimoniosa. Um dos principais objetivos é posicionar o seu artigo na literatura (e mostrar a sua familiaridade com essa literatura). Segundo alguns autores, é daqui que sai a lacuna no conhecimento que sustentará a questão de pesquisa. Nessa ótica, mostre o que os trabalhos existentes fizeram e que ainda não responderam à questão que se propõe focar. Essa lacuna é explorada em seguida sobre a forma da sua questão de pesquisa. Sugiro que procure ir um pouco mais longe, revelando não apenas o fato de haver uma lacuna no conhecimento, mas sim qual o benefício (para a teoria e/ou a prática) de ter uma resposta. Faça uma breve apresentação de questões metodológicas, incluindo procedimentos, amostra e variáveis; em seguida exponha sucintamente os principais resultados e a contribuição desse estudo. Ao concluir a introdução, pode optar pela forma mais tradicional de indicar a estrutura do artigo.

Há algumas questões que me colocam com frequência, que procuro responder em seguida.

Capítulo 3

Na introdução definem-se os conceitos usados? Efetivamente, pode ser relevante logo na introdução, ou cedo na revisão de literatura, apresentar os conceitos basilares ao estudo. Inúmeras vezes não é clara a forma como os autores usam os conceitos, o que cria dificuldades de entendimento. Se um editor não entender os conceitos, pode, por exemplo, enviar o seu artigo para revisão de pareceristas de outra área de estudo. Mas, se optar por definir conceitos, preste atenção às referências utilizadas, porque estas são usadas para identificar qual a origem, inclusive disciplinar, dos autores e do manuscrito.

Qual a principal falha na introdução, e o que precisa sempre ser feito na introdução? Talvez o elemento principal de uma introdução seja deixar bem claro o que o leitor vai aprender com a leitura. Na realidade, isso significa mostrar qual a contribuição teórica/conceitual do artigo. Se os estudantes de doutorado entendem que a motivação da questão de pesquisa está numa lacuna que é identificada, parecem não entender que não basta dizer que há uma lacuna: é preciso mostrar por que suprir essa lacuna pode ser relevante, estimulante, controverso, e como contribui para o conhecimento.

A questão de pesquisa é sempre baseada numa lacuna no conhecimento? Sim, mas há diferentes tipos de lacuna. Segundo David Whetten (1980), talvez mais interessante que uma lacuna é um paradoxo, uma dúvida, uma questão, ou, por exemplo, um efeito que parece não ser consistente ao longo do tempo ou em diferentes países ou indústrias. Uma forma usual de posicionamento do artigo, em especial em artigos com maior ênfase empírica, é mostrar que os resultados empíricos na literatura existente não são convergentes e, assim, propondo uma nova, e diferente, abordagem. Então, a forma como posicionar o artigo depende do objetivo do artigo. Por exemplo, Bill Hesterly, da Universidade de Utah, mostrava-me a sua preferência por artigos que mostram um paradoxo (por exemplo:

em face da teoria devia ser X, mas é Y) e se propõem resolvê-lo, ainda que parcialmente.

A importância de manter o foco? Esta é uma questão pertinente, e manter o foco ao longo do trabalho nem sempre é fácil. Um dos sintomas de falta de foco está em longas introduções com parágrafos iniciais vagos e generalistas que podem começar com algo como: "No atual ambiente de competição global..." em artigos que não são objetivamente relacionados com questões de competição internacional. Manter o foco exige que o autor se foque no objetivo do trabalho (a sua questão de pesquisa) e na sua contribuição.

A QUESTÃO DE PESQUISA NA INTRODUÇÃO

É fundamental formular explicitamente a questão de pesquisa logo na introdução. O elemento fundamental na introdução é a pergunta de pesquisa, formulada de forma clara e objetiva. Todo o manuscrito deve contribuir no sentido dessa questão de pesquisa. O impacto da questão de pesquisa é permanente em todo o artigo, inclusive na revisão de literatura, em que o autor precisa mostrar como cada trabalho que revê é relevante para o seu próprio trabalho.

Relembre que a introdução é a segunda parte do trabalho que o leitor lê. Nesse sentido, é fundamental que a introdução seja coerente com o resto do trabalho. Isso significa que a questão de pesquisa que é explicitada deve ser a que efetivamente é desenvolvida no corpo do artigo, sendo coerente com as hipóteses apresentadas e com as análises empíricas efetuadas. Assim, se você afirma que o objetivo é o impacto das percepções de ética empresarial dos líderes para a condução das operações internacionais das empresas, deve ter cuidado para que o conteúdo reflita efetivamente percepções de ética em primeiro plano, não deambular por aspectos de cultura, ou quaisquer outros apenas marginalmente relacionados.

Capítulo 3

3.5 Revisão da literatura

A revisão de literatura, embora aparentemente simples, pode ser bastante trabalhosa e, em alguns casos, desastrosamente construída. O objetivo da revisão de literatura é mostrar o domínio sobre a literatura existente, mas especialmente a literatura que é diretamente relevante para o estudo. O objetivo não é, nem poderia ser, rever toda a literatura existente. Para essas revisões mais extensas há artigos de revisão de literatura ou estudos bibliométricos.

REVISÃO DE LITERATURA

➤ A revisão da literatura apresenta uma análise crítica aos artigos que foram publicados sobre o tema específico da pesquisa.

➤ Mostra o que já foi feito e publicado num dado assunto.

➤ Serve para identificar, avaliar e interpretar os trabalhos existentes.

➤ Deve ser construída apresentando os estudos relevantes sobre o tema, citando os autores e ano do estudo, numa apresentação lógica e estruturada da pesquisa mais relevante.

➤ Visa identificar o estado do conhecimento sobre o tema, os construtos, os relacionamentos, as teorias e os resultados já existentes.

➤ Fundamenta a argumentação, a razão de ser e a lógica do estudo e enquadra a teoria e as hipóteses desenvolvidas.

➤ Visa encontrar problemas que já foram pesquisados e outros que precisam de mais pesquisa.

Penso que há três dificuldades quanto à redação da revisão da literatura que são mais notórias nos trabalhos que revejo e nos trabalhos dos estudantes: a primeira, uma revisão da literatura demasiado abrangente e pouco focada no tema do artigo, não contribuindo diretamente para sustentar a questão de pesquisa definida. A segunda dificuldade é assentar a revisão em resultados empíricos dos artigos revistos, em vez de na teoria em si. É relevante notar que a revisão de literatura é uma revisão teórica e não uma análise dos trabalhos empíricos ou dos resultados de estudos existentes. A terceira é organizar o texto por autor, ou obra, em vez de por assunto, tópico ou interesse. Talvez essa dificuldade seja a diferença mais nítida entre um artigo escrito por um estudante e o por um acadêmico experiente.

Assim, a revisão de literatura é a documentação da revisão de trabalhos (artigos, livros, ...) publicados (ou não) em áreas de interesse específico para o trabalho do pesquisador. Por meio das leituras você conseguirá conhecer e entender o que outros fizeram, como fizeram, como mediram, os resultados que encontraram, como estruturaram o trabalho etc. De forma idêntica, sem uma revisão de literatura adequada, você não conseguirá adquirir uma total compreensão do seu tópico, e do que já foi feito.

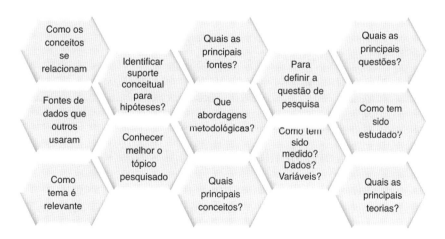

FIGURA 3.1 Objetivos da revisão de literatura.

Capítulo 3

> ## SUGESTÃO DE TRABALHO
>
> Enquanto lê os artigos, procure identificar:
>
> - O artigo estuda _____
> - Por que quer entender o quê/como/quem/por quê _____
> - Para entender como/por quê/o quê _____
>
> - Que teoria usa _____
> - Qual o principal argumento _____
> - Analise as hipóteses e procure representar um modelo gráfico das hipóteses (ver adiante)
> - Tome notas e não confie demasiado na sua memória
>
> **Tome notas**
>
> Ao tomar notas, sugiro que aponte: teoria usada, construtos, hipóteses, amostra, fonte dos dados, método, variáveis, principais resultados, o contexto, argumentos específicos, possíveis artigos citados que pode ser importante ler.
>
> - Cada um tem o seu método, mas sugiro dois:
>   - O método dos cartões
>   - Construir uma tabela (no MsWord ou Excel).

3.6 Desenvolvimento conceitual e hipóteses

Em face das dificuldades dos estudantes com a construção de hipóteses (ou proposições) e sua argumentação, analiso-as em mais detalhe. Não foco aqui os trabalhos qualitativos que, pelo menos usualmente, não visam testar teoria, mas antes gerar nova teoria (Eisenhardt, 1989; Eisenhardt e Graebner, 2007), nem as especificidades envolvendo os trabalhos qualitativos (Gephart, 2004; Suddaby, 2006). No entanto, realço que a construção de teoria a partir de trabalhos qualitativos, inclusive de estudo de casos, envolve utilizar um ou mais casos para criar construtos teóricos e proposições – sejam estas explícita ou implicitamente formuladas – utilizando-se dos dados coletados (Eisenhardt, 1989, 1991).

Nos trabalhos empíricos, a inclusão de hipóteses formalmente bem construídas, bem argumentadas, e que, no seu conjunto, construam um modelo conceitual coerente, é crucial. De algum modo, é nas hipóteses que o autor mostra como se propõe avançar a fronteira do conhecimento (as hipóteses são o reflexo visível imediato das novas relações entre variáveis que o autor propõe). Mas a força do novo conhecimento depende de toda a argumentação que é feita para o sustentar, baseada na teoria existente. Ou seja, não basta propor novas relações, ou condicionar, através de variáveis mediadoras ou moderadoras, as que já conhecemos. A teoria constrói-se na argumentação das hipóteses ou proposições.

Na seção dedicada ao desenvolvimento conceitual e hipóteses, vamos analisar a teoria e o estoque de conhecimento existente para propor algo de novo (recomendo a leitura de Weick, 1989; Whetten, 1989; Sutton e Staw, 1995; Corley e Gioia, 2011). É no desenvolvimento conceitual que a "novidade" do artigo desponta, e, em estudos empíricos, o autor avança com as suas novas propostas e análises que materializa num conjunto de hipóteses (ou proposições em artigos conceituais). Ou seja, de forma simplificada, as hipóteses são desdobramentos da questão de pesquisa em parcelas testáveis e que, no seu conjunto, permitem responder à questão de pesquisa.

O QUE É UMA HIPÓTESE

A hipótese é uma proposta de relação entre duas ou mais variáveis. Assim, não é apenas uma frase, uma afirmativa. A hipótese deve ser clara quanto à direção (por exemplo, propondo uma relação positiva, negativa, curvilinear etc.). Portanto, não é suficiente dizer que espera uma relação entre duas variáveis X e Y, mas antes deve indicar que, por exemplo, a relação esperada é positiva.

Capítulo 3

Os estudantes de mestrado e doutorado costumam ter dificuldade em entender a diferença entre hipóteses e proposições. Uma forma simples de entender essa diferença é que as hipóteses tratam de propostas de relações entre variáveis – portanto, passíveis de mensurar mais ou menos diretamente –; em contraponto, as proposições são formuladas usando-se construtos (ver Suddaby, 2010, sobre clareza dos construtos). Assim, num artigo empírico, designamos por hipóteses as novas propostas de relações, enquanto num artigo conceitual as designamos de proposições. Efetivamente, esperamos que um artigo que apresente hipóteses inclua os dados e testes estatísticos das hipóteses. Em contraponto, um artigo com proposições sinaliza o seu caráter conceitual. Por exemplo, beleza é um construto, mas o índice de massa corporal é uma variável. Também são construtos o conhecimento, declínio, adaptação, mesmo sabendo que podemos pensar em formas de os conseguir medir, mesmo que imperfeitamente. Em alguns casos, os pesquisadores preferem formular as suas hipóteses usando construtos e mais à frente, na seção de Método, explicam como medem o construto – ou seja, explicam que variáveis usam para medir cada construto. Designamos de *proxy* essas medidas de construtos.

O QUE É IMPORTANTE SABER ACERCA DE HIPÓTESES?

Há cinco aspectos que penso serem fundamentais:

➤ Uma hipótese é uma proposta de relação entre duas ou mais variáveis. Ou seja, teremos no mínimo uma variável dependente e uma independente, mas podemos ter também uma variável moderadora ou uma variável mediadora.

➤ Usar nas hipóteses o mesmo jargão técnico e conceitual que o usado no corpo do manuscrito.

➤ Procurar que as hipóteses apontem um sentido para a relação. Isso significa explicitar se propomos uma relação positiva, negativa ou curvilinear (por exemplo, U ou U invertido).

A estrutura de um artigo

> ➤ As hipóteses devem ser explicadas no texto. A melhor solução é que as hipóteses fluam naturalmente dos argumentos do texto; o que significa que nem devem surgir como uma surpresa, nem devem ser apresentadas como um cardápio final de possíveis relações, sem que exista um suporte conceitual claro para cada uma das hipóteses.
>
> ➤ As hipóteses não devem ser formuladas propondo uma correlação.
>
> ➤ Uma hipótese não é uma pergunta.

Se as hipóteses são propostas de relações entre duas ou mais variáveis, o que isso significa na prática? Primeiro, que uma hipótese precisa ter, pelo menos, duas variáveis: uma dependente e uma independente (situação (1) na Figura 3.2), mas pode ter mais que duas, se incluir, por exemplo, uma variável moderadora (situação (2)) ou mediadora (situação (3)). Importa notar que o último caso (3) envolve na realidade duas hipóteses. Segundo, que as hipóteses devem indicar uma direção e sentido. Na figura representamos os sinais +, –, U e U invertido para evidenciar as relações mais frequentemente usadas. Ou seja, é crucial indicar não apenas que existe uma relação esperada, mas qual será o sentido dessa relação. Obviamente, o texto para o suporte conceitual para a relação e sua direção antecede cada uma das hipóteses formuladas. E, na seção de "resultados", serão então incluídos os resultados dos testes estatísticos de cada hipótese, individual e sequencialmente.

As hipóteses, tal como as proposições, devem apresentar uma formulação clara e bem identificada das relações propostas. E, cada hipótese deve ser numerada sequencialmente no texto e incluir a designação 'hipótese', ou 'proposição'. Note como nos exemplos seguintes há a identificação das variáveis e da relação proposta:

Capítulo 3

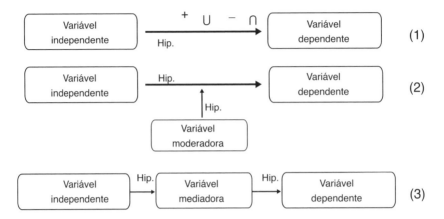

FIGURA 3.2 Tipos de hipóteses.

(Fonte: Ferreira, M. Comentário editorial: A construção de hipóteses. *Revista Ibero-Americana de Estratégia*, 12(4): 1-8, 2013.)

Hipótese 1. O número de horas despendidas escrevendo está positivamente relacionado com a quantidade de páginas escritas. (Nesse caso é evidente como as variáveis serão mensuradas.)

Hipótese 2. A qualidade do texto escrito está positivamente relacionada com a prática da escrita pelo estudante. (Nesse caso temos de ver como mensurar qualidade do texto.)

Como sustentar as hipóteses: o argumento

As hipóteses formuladas não devem surgir como uma surpresa para o leitor. Isso significa que cada hipótese precisa ser bem argumentada (Sutton e Staw, 1995) no texto que a antecede. Nessa argumentação, importa usar um conjunto de referências relevantes e que sustentam, pelo menos em parte, os seus argumentos. Mas, a argumentação não é apenas conceitual, ou geral, sobre a literatura, nem é uma mera revisão da literatura (a revisão da literatura você já a fez na seção anterior). A argumentação de cada hipótese precisa dar suporte para a nova proposta de relação entre as variáveis.

Como construir o argumento? Há várias formas de fazê-lo. Uma é procurar uma conexão lógica dada pela teoria, mostrando como a teoria sustenta a relação que é proposta na hipótese de modo a que o leitor entenda por que propõe a relação (se efetivamente existe ou não é o que aferiremos depois na componente empírica com os testes das hipóteses). Outra forma de argumentar, ou construir, a relação entre as variáveis é procurar evidência empírica que dê suporte à proposta. Eventualmente, a evidência pode não ser sobre o fenômeno exato, mas a relação proposta pode ser inferida por proximidade conceitual. Por exemplo, em certos casos podem ser inferidos conceitos e relações da literatura em *joint ventures* para estudar alianças estratégicas. Ainda assim, é preciso mostrar a evidência empírica, a literatura de suporte, e construir um argumento razoável.

Quando o seu artigo se basear num dado setor de atividade, pode ser relevante construir as hipóteses, e respectiva argumentação, em volta do que é específico e diferente no setor, em face do que esperaríamos, do que outros estudos mostram, ou do que acontece em outros setores. Isto é, as suas hipóteses serão específicas ao setor que você estuda, mas é preciso deixar isso bem claro. Na verdade, o que o autor faz é restringir a um dado objeto, ou contexto (uma indústria, um país, uma característica cultural etc.), as suas hipóteses e respectiva argumentação.

Em alguns artigos vemos que a sustentação teórica envolve a combinação de diferentes teorias. Essa forma de argumentar, por contraste entre teorias, pode levar à construção de hipóteses alternativas, ou concorrentes, e é nos resultados que se verifica qual prevalece. Ou, o autor pode preferir explicar como, no contexto em particular do seu estudo, uma teoria pode ter predomínio sobre outra. Isto é, o autor mostrará que nas condições que examina as previsões de uma teoria podem ser mais ajustadas que as que resultariam da teoria alternativa. Independentemente da via escolhida na argumentação, você deve zelar pela coerência de todo o seu modelo, evitando que o artigo surja como uma coletânea de hipóteses pouco relacionadas.

Capítulo 3

Para examinar a coerência do conjunto das hipóteses, dou três sugestões aos meus alunos de mestrado e doutorado. Primeiro, que representem as hipóteses numa só figura. Se isso não for possível, provavelmente o problema está nas suas hipóteses/proposições, não na figura. Segundo, verificar se o texto das hipóteses/proposições flui da mesma forma, com a mesma lógica e com uma escrita homogênea. Terceiro, recomendo que tenham atenção às relações causais, ou de causa e efeito, porque em Administração é usualmente muito difícil testar relações causais, com exceção de experimentos e quase experimentos (ver a respeito Kenny, 1979; Holland, 1986; Rubin, 2008; Antonakis et al., 2010, 2012). Complementarmente, sugiro sempre que analisem qual é a variável dependente em cada uma das hipóteses que formularam para garantir a coerência. Alguns estudantes menos experientes incluem tantas variáveis dependentes quanto hipóteses, o que, provavelmente, não estará correto.

Como escrever a seção das hipóteses?

É evidente que a seção das hipóteses usa teoria na argumentação, mas não é uma reprodução da revisão de literatura. A sugestão que dou para a construção do texto nessa seção é que comece a escrever cada parágrafo com o argumento principal (o que realmente quer dizer) e remeter as citações à literatura existente para a função de dar sustentação aos argumentos que desenvolveu. Sparrowe e Mayer (2011) sugerem que o autor escreva uma primeira versão dessa seção sem nenhuma citação, de modo a aferir se os argumentos são convincentes e coerentes. Depois, na revisão e reescrita do texto, procurará a sustentação conceitual que é extraída de outros trabalhos. Ou seja, primeiro expõe o seu trabalho e só depois procurará a inserção na conversação teórica vigente a que se refere Whetten (1989) e clarificará como o seu trabalho contribui para o conhecimento.

Se é nessa seção que o autor expõe a sua argumentação, partindo da literatura existente, o objetivo, quer da escrita quer da seleção da literatura a referenciar, nessa seção tem três aspectos cruciais (Sparrowe e Mayer, 2011):

1) Referenciar literatura que sustenta conceitualmente as hipóteses; ou seja, que permite posicionar as hipóteses numa dada linha de pesquisa ou, como designa David Whetten (1989), posicioná-las numa "conversação".

2) Desenvolver uma argumentação coerente – no texto que antecede cada uma das hipóteses – e lógica que permita sustentar que as variáveis, ou construtos, expostas nas hipóteses poderão ter a relação que é proposta.

3) Construir um texto coerente em que seja patente a linha de raciocínio do autor e que, simultaneamente, mantenha o foco da argumentação.

UM EXERCÍCIO: CONSTRUIR HIPÓTESES E UM MODELO GRÁFICO

Apresento agora um exercício que cada autor pode fazer individualmente para analisar o seu artigo enquanto constrói as hipóteses. Este exercício também pode ser feito pelo professor com os seus alunos em sala de aula. O exercício visa facilitar o entendimento do que são hipóteses e como, no seu conjunto, deve haver coerência entre as hipóteses. Embora num artigo não seja obrigatório apresentar um modelo visual das hipóteses, é algo que os leitores usualmente gostam de ver porque lhes dá uma visualização rápida das relações que o artigo trata. Mas, o objetivo aqui é apenas ajudar o autor a entender o seu próprio artigo (mesmo que não inclua a figura no artigo).

Para o exercício você precisa apenas de algumas folhas de post-it e uma caneta. Como utilizar? Nas folhas deve escrever uma de duas coisas: ou uma variável (e recomendo que se limite a escrever mesmo a variável e não designações vagas de uma ideia), ou uma direção (pode simplesmente desenhar uma seta, com um sinal que corresponde ao tipo de relação esperada). Depois use os post-its para construir as hipóteses, juntando variáveis e direções (ver exemplo na Figura 3.3). Assim, cada hipótese será representada nos post-its, com

Capítulo 3

uma folha contendo o nome de uma variável dependente, outra folha, o nome da variável independente, e noutra folha uma seta com o tipo de relação que prevê (negativa, positiva, em U, ou outra). Faça esse procedimento para cada uma das suas hipóteses. Depois, junte todas as hipóteses e construa o seu modelo conceitual. A Figura 3.3 mostra um exemplo do resultado final.

FIGURA 3.3 Utilização de post-its para a construção de hipóteses.

Nota: este exercício foi-me apresentado por David Whetten, em 2004, numa sessão na Universidade de Utah.

Veja como, na Figura 3.3, cada post-it inclui apenas uma variável. Outros post-its incluem a direção e o sentido da relação que é proposta. Assim, num dos post-its represento uma relação de U invertido, enquanto as outras denotam simplesmente um efeito positivo ou negativo.

Este exercício é também útil para analisar a coerência do modelo conceitual. O modelo deve convergir para apenas uma variável dependente (ainda que esta possa ser mensurada de várias formas – por exemplo, para avaliar desempenho, você pode usar medidas econômicas, estratégicas ou contábeis). Portanto, relembre que, caso não consiga reunir todas as suas hipóteses num modelo coerente, o problema não está no exercício, mas sim nas suas hipóteses que não são coerentes, por exemplo, na variável dependente, ou que não estão alinhadas ou que, simplesmente, não são realmente hipóteses.

A estrutura de um artigo

Algumas dificuldades mais comuns com as hipóteses

Há inúmeras possíveis deficiências que podem surgir na construção das hipóteses. Penso que essas deficiências não resultam apenas de má especificação das hipóteses, mas sim revelam que o problema começa antes, num texto que não tem um foco claro e não conduz às propostas de relações, ou hipóteses, que o autor apresenta. Ainda assim, posso enunciar alguns dos principais problemas que vejo (os seguintes são largamente inferidos de experiência pessoal):

a) falta de clareza, não se entendendo efetivamente quais são os construtos ou variáveis;

b) não se entende qual a relação entre as variáveis; ou seja, não têm direção;

c) não formulam realmente uma proposta de relação, sendo apenas afirmativas e não hipóteses. A realidade é que afirmativas não são hipóteses. As hipóteses precisam propor uma relação entre duas (ou mais) variáveis X e Y e o sentido dessa relação (positiva, negativa, U invertido etc.);

d) apenas afirmam o óbvio, não contendo nenhuma novidade. Se uma hipótese apenas afirma algo que é óbvio, é mais provável que os revisores rejeitem o artigo por falta de contribuição. Uma forma possível de tentar ultrapassar esse problema é repensar o argumento. Por exemplo, poderia ser de outra forma? A "óbvia" relação pode afinal não ocorrer? Em que circunstâncias? E será que a real relação é linear e positiva ou pode ser curvilinear? Haverá moderadores ou efeitos contextuais relevantes? Na verdade, o que o autor estará fazendo é identificar e argumentar por que algo que seria óbvio (a crítica) pode não ocorrer;

e) contém tantos elementos que as hipóteses não são realisticamente possíveis de testar. Alguns estudantes constroem hi-

Capítulo 3

póteses com demasiadas variáveis e de tal modo complexas que não são passíveis de testar, pelo menos sem o recurso a técnicas mais sofisticadas do que aquelas com que o autor e o leitor estão, usualmente, familiarizados. As relações entre duas ou três variáveis são testáveis com as técnicas usuais. Em certos casos, os testes propostos nas hipóteses são condicionais à verificação conjunta de mais que um estado para que se possa concluir que uma hipótese é confirmada. Por exemplo, se o autor propõe que as empresas grandes e bem reputadas tenderão a ter maior desempenho, será necessário que ambas as condições se verifiquem para confirmar a hipótese. Ou seja, não é suficiente apenas que as empresas sejam grandes nem que sejam bem reputadas, mas que essas duas condições se verifiquem simultaneamente. Embora não seja especialmente difícil esse teste, acontece que a condicional (um e outro atributos) possivelmente não foi argumentada ou não era realmente pretendida pelo autor;

f) as hipóteses não derivam da questão de pesquisa definida no artigo;

g) não são explicadas, ou argumentadas, no texto que as antecede;

h) e, em alguns casos, são apresentadas na forma de listagens mais ou menos coerentes no final da seção;

i) Não há coerência teórica do conjunto das hipóteses. Nesse caso, é provável que os autores não tenham seguido uma linha conceitual, ou teórica, convergente. Isso é especialmente visível quando para cada hipótese usam uma teoria distinta. Ainda que seja aceitável usar mais que uma teoria na construção de um argumento – e na realidade vários artigos exploram as diferenças nas previsões que diferentes teorias sustentam –, é importante ter um foco conceitual único. Note que mesmo quando o autor usa mais que uma teoria para sustentar as hipóteses o uso das teorias não pode ser um menu *à la carte* em que cada hipótese é sustentada com uma teoria diferente.

3.7 Método

A seção de método precisa contemplar um conjunto de informações: o método em si (quantitativo ou qualitativo), os procedimentos de coleta de dados, o tipo de dados (primários ou secundários), os instrumentos usados (por exemplo, se usar um questionário), a descrição da amostra, as variáveis (Ben, 1987; Zhang e Shaw, 2012) e os procedimentos de análise (usualmente são as técnicas estatísticas seguidas, ou a forma como a análise de conteúdo foi realizada etc.).

Essa é uma seção importante para o leitor entender os dados que serão usados para testar as hipóteses anteriormente formuladas e conhecer quais os procedimentos usados. Embora esta seção seja bastante objetiva, ainda assim há frequentes lacunas, e os revisores ficam obrigados a pedir esclarecimentos adicionais para analisarem a confiabilidade dos dados, a representatividade da amostra, a forma de mensuração utilizada, as técnicas etc.

TIPOS DE DADOS

Dados primários. São os coletados especificamente pelo pesquisador tendo em vista a pesquisa que realiza. Esses dados podem ser coletados de múltiplas formas, como observação, entrevistas, questionário (presencial, on-line, postal) etc.

Dados secundários. São os publicamente disponíveis em organizações internacionais, nacionais ou locais (por exemplo: FMI, Nações Unidas, Banco Mundial, Governos, empresas, publicações, organizações sem fins lucrativos etc.) que o autor pode usar nas suas pesquisas, mas que não foram coletados especialmente para esse fim.

Problemas metodológicos graves num artigo podem ser irremediáveis. Mas, a maioria das lacunas que observo é mais da forma como essa seção é redigida que de problemas inerentes efetivos.

Capítulo 3

As lacunas mais frequentes referem-se a uma descrição incompleta da amostra e à especificação insuficiente dos procedimentos de coleta de dados e respectivas fontes. É crucial que o leitor entenda quais são as características básicas da amostra em face do estudo (por exemplo, no caso de serem pessoas, pode importar entender aspectos como a sua localização, idade, gênero, perfil sociocultural, demográfico, habilitações acadêmicas, posição na empresa etc.). Os detalhes quanto aos procedimentos permitem ao revisor, e/ou leitor, analisar a confiabilidade na coleta e se estes garantem que não houve algum tipo de viés. Por exemplo, se conduzimos um estudo questionando indivíduos numa universidade, é provável que a amostra seja composta majoritariamente por alunos, professores e funcionários que têm características dificilmente generalizáveis para o universo da população brasileira. Mas se o nosso estudo almeja analisar essa população, pode ser o local adequado.

ALGUNS CUIDADOS NA ELABORAÇÃO DE QUESTIONÁRIOS

Como muitos estudantes realizam questionários em algum momento do seu percurso, ou utilizam os dados coletados por questionário, importa entender alguns cuidados a tomar:

> Garantir que quem vai responder ao questionário é efetivamente quem você pretende ter como amostra no estudo.

> Dar instruções ao participante é bom, mas não dizer especificamente qual o objetivo da pesquisa, de modo que as suas respostas não sejam enviesadas. Recorde que os participantes querem ajudar o pesquisador pelo que podem dar respostas do que pensam que o pesquisador quer ver.

> Construir frases claras, objetivas e curtas.

> Manter, dentro do possível, a mesma escala de resposta. Variações na escala podem criar confusão desnecessária.

> A pergunta não pode ter uma "carga" que influencia a resposta. Exemplo: por que é bom trabalhar na sua empresa? E quem disse que é bom?

A estrutura de um artigo

> Escrever perguntas precisas. Por exemplo, "Você bebe refrigerante?". O que significa isso? Que bebe regularmente? Que alguma vez bebeu? O que é regularmente? Quanto refrigerante? Uma vez por ano até que eu bebo.

> Considere a escala a usar. Vai ter um ponto médio ou vai forçar os participantes a tomar uma posição? Em certas culturas há uma tendência para as respostas se concentrarem em pontos intermédios e mais dificilmente algo é muito bom ou muito mau.

> Atenção à ordem das questões, de modo a não enviesar as respostas. O que você quer é evitar o efeito de "contágio", em que a resposta a uma questão condiciona a resposta à questão seguinte.

> Se não precisa dos dados específicos dos participantes, anuncie imediatamente que as respostas são confidenciais.

> Se incluir questões de resposta aberta, como vai tratá-las?

> O questionário deve ter a aparência de ser curto (e, preferencialmente, ser mesmo curto).

> Não incluir questões que os participantes não vão saber sem consultar documentos.

> Antes de começar, pense se os participantes vão responder honestamente e se o questionário é a melhor forma de coletar os dados de que necessita. Por exemplo, pode ser difícil os participantes responderem sobre aspectos negativos como corrupção, especialmente se os questionar sobre o seu envolvimento.

> E, finalmente, sempre que incluir uma nova questão, pense se essa questão é realmente importante e o que vai adicionar ao seu estudo. O dilema é claro: quanto maior o questionário menos as pessoas participarão, mas questionários demasiado curtos podem não lhe fornecer os dados de que necessita.

A seção de método também precisa explicar adequadamente as variáveis. A apresentação das variáveis deve surgir sequencialmente no manuscrito nesta ordem: (1) variável dependente, (2) variáveis independentes, (3) variáveis moderadoras, se existirem, e (4) variáveis de controle. Cada variável deve ser apresentada de forma completa e precisa, indicando: (1) o que é e o que avalia, (2) como é medida (a unidade, a escala), (3) a fon-

Capítulo 3

te dos dados (ou os itens num questionário usado para coletar os dados), e (4) outros estudos que a tenham usado para fins idênticos ou com os quais consiga estabelecer algum paralelismo.

Em alguns casos pode ser necessário acrescentar algum esclarecimento prévio sobre as análises que você vai realizar para testar as suas hipóteses. Essa componente é especialmente importante se você usar técnicas menos convencionais ou vários procedimentos distintos, e nesses casos deve procurar explicar brevemente como funcionam as análises e que tipo de resultados obtêm. Possivelmente esse será um esclarecimento breve, mas em certos casos pode ser necessário dar mais detalhe sobre procedimentos específicos.

3.8 Resultados

A seção de resultados é, em geral, relativamente curta. O objetivo nessa seção é apenas expor os resultados dos testes estatísticos das hipóteses que você desenvolveu. Portanto, num estudo empírico, pode incluir uma tabela de correlações entre as variáveis com alguns elementos adicionais (média e desvio-padrão e, eventualmente, mínimo e máximo) e uma (ou várias) tabela(s) com as regressões (ou outra análise estatística utilizada). É nessa seção que você apresenta os resultados dos testes das suas hipóteses, indicando se as hipóteses são confirmadas ou não. Os resultados devem ser enunciados sequencialmente e de forma clara. Mas, não é nesta seção que você faz a interpretação detalhada dos resultados, que é remetida para a 'Discussão'.

RESULTADOS, NÃO INTERPRETAÇÃO

Na seção de 'Resultados' você apenas indica os resultados para cada uma das hipóteses desenvolvidas, sequencialmente (H1, H2, H3, ...), mas não inclui a análise, ou interpretação, dos resultados, que deve ser incluída na seção seguinte, de 'Discussão'.

3.9 Discussão

A discussão é uma seção particularmente importante no artigo, mas são frequentes as dúvidas em entender o que incluir na discussão. Não há uma única forma de escrever uma discussão, mas posso apontar alguns aspectos que você necessita incluir: (a) recordar qual a questão de pesquisa e como foi abordada e respondida (ou seja, com breve recapitulação do método); (b) ligar os resultados com a teoria e as hipóteses – no caso de um artigo empírico; (c) revelar qual a contribuição do artigo – que pode ser pensada como: "O que aprendemos"; (d) mostrar as limitações do trabalho, que podem ser relativas ao método, à amostra, aos procedimentos, aos dados etc.; (e) apresentar implicações para a teoria e o conhecimento, embora possa estender para implicações para a prática e mesmo para as políticas públicas, dependendo da área de pesquisa e do periódico (alguns periódicos requerem que os artigos tenham implicações de política pública, por exemplo); por fim, (f) identificar algumas sugestões para pesquisas futuras e como essas pesquisas são relevantes. Esses elementos, de (a) a (f), são essenciais numa discussão que se queira completa. A ordem de organização desses elementos pode variar, mas não é recomendável que o artigo acabe com as limitações. Então como concluir? Pense em escrever pelo menos um parágrafo final com notas conclusivas, possivelmente onde fique pelo menos implícita a importância do tópico estudado e do próprio estudo.

A discussão é uma das seções mais importantes porque é aqui que todo o artigo se junta numa análise global coerente da teoria, das hipóteses, dos resultados, e onde se revela claramente a real contribuição do trabalho. Publicar um artigo numa revista acadêmica implica fazer uma contribuição conceitual para um corpo de conhecimento. Frequentemente, a forma de fazê-lo é provendo uma resposta original para a questão de pesquisa que foi formulada, utilizando a teoria. Em essência, isso significa que na discussão ficará claro o que muda, ou o que melhora, na nossa compreensão conceitual.

Capítulo 3

ERROS FREQUENTES NA DISCUSSÃO

Há cinco tipos de erros que mais frequentemente observo na discussão:

1) Os autores restringem-se à análise dos resultados – sem expandir para explicar efetivamente o que os resultados significam (em alguns casos apenas reproduzem novamente os resultados já apresentados).

2) Não incluem todos os elementos necessários numa discussão (por exemplo, as limitações ou questões para pesquisa futura).

3) Complicam ("enrolam") o texto, ficando essa seção pouco clara e sem ligação quer à teoria quer aos resultados ou à questão de pesquisa.

4) Dizem que fizeram mais do que o que fizeram realmente e enaltecem exageradamente a contribuição ou o impacto do manuscrito.

5) Não explicitam a contribuição do trabalho.

Assim, a discussão **não é** onde o pesquisador descreve os resultados do estudo. Os resultados foram expostos na seção anterior, de resultados, e não precisam ser explicitamente repetidos. No entanto, é na discussão que o pesquisador vai analisar e interpretar, ou discutir, os resultados em face da teoria e das hipóteses que desenvolveu. Portanto, necessita inferir explicações para os seus resultados – tanto os que confirmaram as hipóteses como os que não confirmaram –, usando argumentos conceituais e teóricos. Mas, não vá para além dos seus dados e resultados, extrapolando e especulando sobre dados e resultados de que não dispõe (Geletkanycz e Tepper, 2012).

Na discussão você precisa, ainda, incluir as *limitações* do estudo, e um conjunto de sugestões para possível *pesquisa futura*. Idealmente, procure integrar resultados-limitações-questões para futura pesquisa na construção do texto. Por exemplo, pode observar que a hipótese 2, estabelecendo uma relação linear e positiva entre as variáveis X e Y, não se confirma em face dos dados disponíveis. Então, a discussão irá apresentar qual o significado desse resultado. O resultado, talvez, também possa alimentar a seção de 'limitações do estudo', se existirem limitações metodológicas, ou amostrais, que poderão explicar que a relação não se confirme (por exemplo, o fato de uma variável ser medida da forma possível e não da melhor forma), e depois avançar com ideias sobre como uma pesquisa futura poderá continuar a explorar essa relação entre X e Y (o que poderá ser feito com recurso a uma melhor forma de medir as variáveis em análise). Mas, atente que não basta enunciar que um determinado aspecto seria uma possível pesquisa futura; é importante que você mostre a relevância de fazer esse estudo. Afinal, tudo pode ser alvo de pesquisa futura, mesmo irrelevâncias.

3.10 Conclusão

Os diferentes tipos de trabalho incluem, geralmente, uma breve seção para 'Conclusão', 'Conclusões', ou 'Comentários finais'. Saber o que incluir nessa seção é uma decisão difícil, mas, em alguns casos, há normas que podem ser seguidas. Por exemplo, no Brasil, as normas ABNT definem o que pode surgir numa conclusão. No entanto, há um aspecto da conclusão que é simples: como a própria designação indica, ela deve conter as principais, e apenas as principais, conclusões que o trabalho permite aferir.

Na conclusão você pode escrever a importância do trabalho, o interesse para a teoria e/ou a prática de se entender certo fenômeno. Talvez prefira construir uma extrapolação para o futuro da importância do tema (no caso de incluir um parágrafo com esse conteúdo, é importante não ser excessivamente futurólogo para não confundir o leitor). Em todo o caso, a conclusão num artigo acadêmico, em Administração é, geralmente, curta e contém apenas um ou dois parágrafos.

Capítulo 3

> É normal que ao longo da organização e redação do seu artigo outras dúvidas surjam. Nesse caso, sugiro que analise outros artigos publicados nos periódicos que usa como referência para verificar como outros autores fizeram. Essa recomendação é útil para aspectos tanto de organização como de redação, de apresentação de tabelas e figuras, conteúdo específico de certos parágrafos, modo como as variáveis são descritas, formulação exata das hipóteses, e até mesmo para ver como outros autores posicionam e escrevem a contribuição do artigo. Se a dúvida surgir em como escrever a 'Conclusão' analise como outros fizeram.

3.11 Referências

A lista de referências é importante para o seu trabalho. Primeiro, porque alguns revisores têm o hábito de começar por consultar a lista de referências usadas para entender o enquadramento conceitual e posicionamento do trabalho, analisar a extensão da sua revisão da literatura e o domínio de literatura recente e seminal sobre o assunto em questão. Segundo, porque assinala a literatura que o autor usou, denotando a orientação conceitual. Note que a lista de referências apenas deve conter os trabalhos (livros, artigos, relatórios etc.) efetivamente referenciados ao longo do trabalho, e não todos os materiais consultados durante a realização do artigo.

COMO FAZER UMA LISTA DE REFERÊNCIAS?

Cada publicação tem o seu normativo específico. Nos EUA, é frequente usar as normas APA – American Psychological Association (ver resumo em http://www.om.ef.vu.lt/index.php?item_id=6); no Brasil é usual os autores seguirem as normas ABNT – Associação Brasileira de Normas Técnicas. Ambas estão disponíveis para consulta. As normas também podem variar entre disciplinas, entre universidades, entre países e entre periódicos. Assim, antes de submeter a um periódico, verifique sempre, e cuidadosamente, qual a formatação especificada pelo periódico. E, no caso de uma dissertação ou tese, verifique quais as normas da sua universidade.

Embora existam inúmeras variações de estilo na formatação das referências (não se designa por bibliografia num artigo), é sempre uma listagem ordenada alfabeticamente pelo último nome do primeiro autor (ou organização, ou editor), dos trabalhos utilizados. Essa lista se segue à seção de 'Conclusão' e tem por título "REFERÊNCIAS".

Apesar das variações de normas e estilos, na sua maioria são mais questões estéticas, ou de formatação, do que de conteúdo. Como exemplo, mostro aqui como fazer as referências mais comuns seguindo o normativo adotado pela Academy of Management, nas submissões às publicações da Academia.

As referências de **artigos** seguem esta forma: último nome, inicial do primeiro. (ano). Título do artigo. *Nome do periódico*, volume (número): página inicial-página final.

Ferreira, M., Pinto, C., Santos, J. & Serra, F. (2013). A ambiguidade e as consequências futuras dos comportamentos menos éticos: Um estudo em Portugal e no Brasil. *Revista de Administração de Empresas*, 53(2): 169-182.

Note que além do título do artigo e do nome do periódico em que este foi publicado há, ainda, a referência ao volume e número do periódico, bem como às páginas de início e fim do artigo. Todos esses componentes são de identificação obrigatória, caso existam.

Os **livros** são incluídos na forma seguinte: último nome dos autores, inicial do primeiro nome. (ano). *Título*. Local, Editora. Assim, num livro com apenas um autor o formato será o seguinte:

Drucker, P. (1993) *Post-capitalist society*. First edition. New York: NY, Harper Business.

Note que nesse último exemplo o título está em itálico e é indicada a edição. No caso a referência é à primeira edição, mas muitos livros têm várias edições, pelo que se deve indicar

Capítulo 3

o número da edição e a sua respectiva data – não a data da primeira edição.

Se o livro tiver mais de um autor, você precisa incluir os nomes de todos os autores (sempre apenas o último nome por extenso seguido da inicial do primeiro nome). Assim, note o exemplo para um livro com três autores:

Booth, W., Colomb, G. & Williams, J. (1995). *The craft of research.* Chicago, MA: The University of Chicago Press.

Para referenciar **capítulos em livros** editados, siga esta forma: último nome dos autores, iniciais do primeiro nome. (ano). Título do capítulo (com apenas a primeira letra do título e a primeira a seguir a ':' em maiúsculas. In último nome do editor e iniciais do primeiro. (Ed.) *Título do livro,* cidade da editora, estado ou país, nome da editora. Note o exemplo seguinte:

Ferreira, M., Tavares, A. & Hesterly, W. (2006). A new perspective on parenting spin-offs for cluster formation. In Fai, F. & Morgan, E. (Eds.) *Managerial Issues in International Business,* New York: NY, Palgrave Macmillan.

Nesses casos é o título do livro e não o do capítulo que colocamos em itálico. Adicionalmente, a seguir ao título do livro é utilizada a expressão 'in' seguida dos nomes dos editores do livro e, depois, entre parênteses a expressão 'Ed', para sinalizar um editor, ou 'Eds.' para vários editores.

As **dissertações**, **working papers** e **outros não publicados** também devem estar incluídos nas referências. Use o seguinte formato:

Ferreira, M. (2005). *Building and leveraging knowledge capabilities through cross border acquisitions: The effect of the multinational corporation's capabilities and knowledge strategy on the degree of equity ownership.* Tese de doutorado não publicada, Universidade de Utah, Salt Lake City, Utah, EUA.

58

A estrutura de um artigo

Armagan, S. & Ferreira, M. (2009). *The role of membership change on knowledge transfer in groups.* Working paper n. 40/2009, globADVANTAGE – Center of Research in International Business & Strategy.

Para referenciar ***artigos apresentados em conferência*** as regras são idênticas às de um artigo científico, mas como o artigo apresentado numa conferência ainda não foi publicado, não é possível indicar um livro ou periódico em que possa ser procurado. Essa indicação é assim, substituída pela indicação da conferência.

Ferreira, M., Carreira, H., Serra, F. & Li, D. (2013). *How corruption matters on FDI Flows: Home and host country effects.* In Proceedings of the 55th annual meeting of the Academy of International Business, Istambul, Turquia.

Alguns ***artigos*** surgem ***em proceedings (livro de atas) de conferências***. Nesses casos apenas há que indicar, adicionalmente, essa fonte, como mostra o exemplo seguinte:

Ferreira, M. (2002). *From dyadic ties to networks: A model of surrogate motherhood in the Portuguese plastics molds industry.* Best papers proceedings of Academy of Management, Denver, Colorado.

Num artigo acadêmico, a lista de referências deve: (1) incluir todos os trabalhos citados ao longo do artigo, e (2) apenas incluir os trabalhos citados, não toda a bibliografia consultada, mas não explicitamente utilizada, (3) ter as referências completas.

As citações ao longo do corpo do manuscrito podem ser feitas de dois modos: (1) incluindo dentro de parênteses nome do autor e ano – por exemplo: "... as redes informais podem ser essenciais no acesso a financiamento (Li e Ferreira, 2010).", ou (2) apenas a data de publicação do trabalho surge entre pa-

Capítulo 3

rênteses, como no exemplo: "... o estudo de Li e Ferreira (2010) confirmou que..."

Então, a lista de referências iria incluir a referência respectiva:

Li, D. & Ferreira, M. (2010). Institutional environment and firms' sources of financial capital in Central and Eastern Europe, *Journal of Business Research*, 64(4): 371-376.

Quando é preciso referenciar vários trabalhos, você pode incluir todos dentro de parênteses: (Kogut e Singh, 1988; Barney, 1991; Li e Ferreira, 2010). Note que também aqui as normas diferem e tanto podem requerer a ordenação alfabética como a ordenação cronológica (no exemplo, usei a cronológica).

Apenas é necessário incluir o número de páginas quando se faz uma citação direta. Nesse caso, importa que o autor reconheça explicitamente o que é a citação direta – o que faz com o uso de aspas. O número da página da qual a citação foi extraída se segue ao ano de publicação. Por exemplo: Li e Ferreira (2010, p. 374).

A utilização do "et al." merece uma nota final. Se um trabalho tem dois autores, os nomes dos dois autores devem ser sempre enunciados. Mas, quando um trabalho tem três ou mais autores, deve incluir todos os nomes na primeira citação e a partir daí incluir apenas o nome do primeiro autor seguido de "et al." e do ano. Por exemplo:

Alguns estudos já analisaram diferenças de ética entre Portugal e o Brasil (Ferreira, Pinto, Santos e Serra, 2013) [primeira citação] ... utilizando estudantes como amostra (Ferreira et al., 2013) [segunda citação].

3.12 Anexos

Muitos estudantes tendem a incluir anexos nos seus trabalhos, pelo que importa aqui entender o que são anexos e qual o seu uso em artigos de Administração. Os anexos são componentes do trabalho que não carecem de inclusão no corpo do texto, mas que são importantes para entender o trabalho. Os anexos surgem após a bibliografia, as referências, e é com esses elementos que o trabalho se conclui. Tipicamente, vemos como anexos listas de variáveis, listas de dados, análises estatísticas adicionais, questionários e protocolos realizados etc., que foram retirados de fontes ou elaborados pelo autor, mas que, por motivos de clareza ou organização, não são colocados no texto.

De alguma forma, são acessórios ao trabalho. Não é demais referir que os anexos não devem ser uma amálgama difusa de coisas. O estudante deve ponderar bem se os dados que inclui em anexo são efetivamente relevantes para o trabalho e deve ser capaz de justificar a sua inclusão. Se algum dado, ou conjunto de dados, foi remetido para anexo é porque não se justificava a sua inclusão no corpo do trabalho, mas é possível que não se justifique sequer a sua inclusão como anexo. Observe a regra que não é a quantidade de páginas que suporta a qualidade do trabalho, é o seu conteúdo.

Os anexos devem ser numerados e ter um título.

4

Artigo acabado: seleção do periódico

As universidades exigem dos professores a realização de pesquisa, e subsequente publicação, como parte das suas obrigações e, em certos casos, do seu próprio contrato de trabalho. Para os professores pesquisadores, a publicação de artigos em periódicos de elevado *status* é necessária para a manutenção do emprego e progressão na carreira, para a mobilidade interinstitucional dos professores, para a satisfação individual, para captar reconhecimento e prestígio. Em algumas instituições os professores recebem benefícios financeiros (prêmios) pelos artigos publicados – pelo que a publicação tem, nestes casos, um impacto financeiro direto. Para as universidades, o histórico de publicações contribui para a capacidade de atração de novos professores, de alunos de graduação, mestrado e doutorado, e mesmo para a captação de fundos para mais pesquisas e modernização. Assim, a publicação em periódicos com revisão é um requisito (Hojat, Gonnella e Caelleigh, 2003) que se vai aprofundando na necessidade, e benefícios, de não apenas publicar, mas publicar em periódicos de maior reputação.

No entanto, há barreiras à publicação. Há as barreiras individuais, nas lacunas de conhecimento ou mestria de técnicas específicas. Mas há, também, todo o processo editorial, em que editores e revisores são usualmente referidos como os *gatekeepers* do conhecimento (Beyer, Chanove e Fox, 1995; Hojat, Gonnella e Caelleigh, 2003). Trato o processo editorial em mais detalhe no capítulo seguinte, por agora foco-me na seleção do periódico mais adequado para submeter o artigo.

Artigo concluído, onde submeter? A escolha do periódico é uma decisão importante por diversas razões. Primeiro, o artigo precisa ser ajustado ao escopo do periódico. O editor pode rejeitar uma submissão por não se enquadrar na missão do periódico. Alguns periódicos são bastante específicos nos temas que publicam e outros, nos tipos de artigos que aceitam. Note, por exemplo, que o *Academy of Management Journal* apenas publica artigos empíricos (ver em: http://aom.org/Publications/AMJ/Information-for-Contributors.aspx), enquanto a *Academy of Management Review* publica artigos teóricos e conceituais e artigos de revisão de literatura (ver em: http://aom.org/Publications/AMR/Information-for-Contributors.aspx). As suas missões descrevem o tipo de artigo.

ACADEMY OF MANAGEMENT JOURNAL

Mission Statement

The mission of the *Academy of Management Journal* is to publish empirical research that tests, extends, or builds management theory and contributes to management practice. All empirical methods including, but not limited to: qualitative, quantitative, field, laboratory, meta-analytic, and combination methods are welcome. To be published in *AMJ*, a manuscript must make strong empirical and theoretical contributions and highlight the significance of those contributions to the management field. Thus, preference is given to submissions that test, extend, or build strong theoretical frameworks while empirically examining issues with high importance for management theory and practice. *AMJ* is not tied to any particular discipline, level of analysis, or national context.

Capítulo 4

Authors should strive to produce original, insightful, interesting, important, and theoretically bold research. Demonstration of a significant "value-added" contribution to the field's understanding of an issue or topic is crucial to acceptance for publication. A list of the works awarded *AMJ's* appears elsewhere on the *AMJ* Web page; these provide good examples of the type of work the *Journal* seeks to publish.

Criteria for Publication

All articles published in the *Academy of Management Journal* must make **strong empirical contributions**. Submissions that do not offer an empirical contribution will not be reviewed. Purely conceptual papers should be submitted to the *Academy of Management Review*. Papers focusing on management education should be sent to *Academy of Management Learning and Education*. Manuscripts that are evidence based rather than theory driven and papers with a primary focus of bringing new perspectives to an academic debate should be submitted to the *Academy of Management Perspectives*. Responses to or commentaries on previously published articles will be considered only if they make independent empirical contributions. Moreover, these submissions will also be peer reviewed.

A manuscript's empirical contribution is usually the most difficult element to revise in response to reviewer concerns, since measures and methods have already been applied and data collected. Two of the most common sources of manuscript rejection involve: (1) creation of new, weakly validated measures when well-validated ones already exist, and (2) implementation of flawed research designs. Because both of these features are determined at the research design stage, authors should seek peer review of their research designs and instrumentation *before collecting their data*.

All articles published in the *Academy of Management Journal* must also make **strong theoretical contributions**. Meaningful new implications or insights for theory must be present in all *AMJ* articles, although such insights may be developed in a variety of ways (e.g., falsification of conventional understanding, theory building through inductive or qualitative research, first empirical testing of a theory, meta-analysis with theoretical implications, constructive

Artigo acabado: seleção do periódico

replication that clarifies the boundaries or range of a theory). Submissions should clearly communicate the nature of their theoretical contribution in relation to the existing management and organizational literatures. Methodological articles are welcome, but they must contain accompanying theoretical and empirical contributions.

All articles published in the *Academy of Management Journal* must also be **relevant to practice**. The best submissions are those that identify both a compelling management issue and a strong theoretical framework for addressing it. We realize that practical relevance may be rather indirect in some cases; however, authors should be as specific as possible about potential implications.

All articles published in the *Academy of Management Journal* must be accessible to the Academy's wide-ranging readership. The fields and topics of interest to the Academy membership are reflected in the divisions and interest groups listed on the Academy's Web page. Authors should make evident the contributions of specialized research to *general* management theory and practice, should avoid jargon, and should define specialized terms and analytic techniques.

Manuscripts will be evaluated by the action editor in terms of their contribution-to-length ratio. Thus, manuscripts should be written as simply and concisely as possible without sacrificing meaningfulness or clarity of exposition. Typically, papers should be no longer than 40 double-spaced pages (using one-inch margins and Times New Roman 12-point font), inclusive of references, tables, figures and appendixes. *AMJ* reserves the right to ask authors to shorten excessively long papers before they are entered in the review process. However, we recognize that papers intended to make very extensive contributions or that require additional space for data presentation or references (such as meta-analyses, qualitative works, and work using multiple data sets) may require more than 40 pages.

Fonte: http://aom.org/Publications/AMJ/Information-for-Contributors.aspx

A escolha do periódico depende do assunto tratado e da área de estudo, obviamente, mas também da metodologia usada (quantitativa, qualitativa, teórica). Por exemplo, artigos que versam temática de estratégia empresarial poderão ter

Capítulo 4

maior chance de serem aceitos em periódicos da área de estratégia. Situação idêntica para artigos sobre marketing em periódicos da área, ou de negócios internacionais etc. Mas, há outros fatores que se considera na submissão, como a reputação relativa dos periódicos. No Brasil, a Capes (Coordenação de Aperfeiçoamento de Pessoal de Nível Superior) faz, periodicamente, uma análise dos periódicos e classifica-os num estrato que varia entre A1 (para os melhores periódicos) e C – A1, A2, B1, B2, B3, B4, B5 e C. Essa classificação é relevante para avaliar a produção dos professores pesquisadores associados a programas de mestrado e doutorado *stricto sensu* e dos próprios programas. Você pode consultar as classificações de cada periódico no sítio de internet Webqualis (ver Figura 4.1). Nesta página de internet pode consultar os periódicos pelo nome ou pelo estrato e, ainda, consultar os periódicos que são classificados em cada área de conhecimento. Por exemplo, Administração está englobada na área temática de "Administração, ciências contábeis e turismo". Também pode consultar os critérios usados para classificar os periódicos nos estratos.

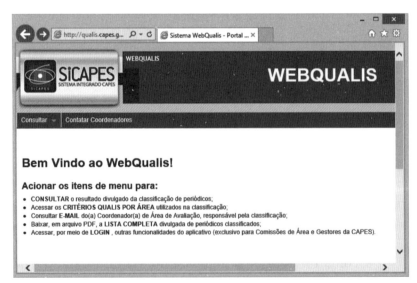

FIGURA 4.1 Webqualis.

(Fonte: http://qualis.capes.gov.br/webqualis/principal.seam)

Artigo acabado: seleção do periódico

A escolha de periódicos de maior reputação é relevante porque estes tendem a ser os mais usados e como tal mais citados. Assim, a reputação dos periódicos é uma forma indireta de avaliar a qualidade dos próprios manuscritos – segundo a qual manuscritos publicados em periódicos melhores, ou mais reputados, serão, também, melhores. Por outro lado, algumas instituições, inclusive no Brasil, recompensam financeiramente os pesquisadores pelas suas melhores publicações – entendendo-se aqui os artigos publicados em periódicos de maior impacto.

A publicação em periódicos mais reputados ajuda a construir melhor reputação e notoriedade, mas tem outros benefícios:

> Melhora a empregabilidade (as universidades sempre procuram pesquisadores prolíficos) e permite ser professor em programas de pós-graduação *stricto sensu*;

> Melhora a mobilidade (a busca por pesquisadores é internacional);

> Aumenta o salário, já que permite obter prêmios de produtividade e bolsas de fomento para novas pesquisas;

> Gera notoriedade e uma imagem de competência que pode atrair outras oportunidades, inclusive em ensino, governo e consultoria;

> Abre oportunidade para convites para fazer coisas interessantes e integrar outros projetos nacionais e internacionais.

No Brasil, como referi anteriormente, os periódicos são avaliados pela CAPES, no sistema Qualis, que classifica os periódicos num dos estratos. Os estratos são A1, A2, B1, B2, B3, B4, B5 e C. Mas, quais são os critérios? Os critérios de avaliação para o triênio 2010-2012 (Tabela 4.1) indicam os requisitos mínimos que o periódico precisa observar para ser classificado num dos estratos. Por exemplo, para estar no estrato B5, o periódico apenas necessita ter um ISSN e uma periodicidade definida. Para atingir o estrato B4 já necessita, adicionalmente aos dois requisitos

Capítulo 4

anteriores, ter revisão pelos pares, edições atualizadas e indicar quais são as normas para a submissão. Os requisitos vão sendo progressivamente maiores até chegar ao estrato mais alto (A1).

Tabela 4.1 Critérios Qualis 2010-2012

ESTRATO	CRITÉRIOS
C	Periódicos que não atendem aos critérios para ser B5.
B5	➤ Ter ISSN; ➤ Ter periodicidade definida.
B4	Atender aos critérios para se enquadrar no estrato B5. ➤ Ter revisão por pares; ➤ Edições atualizadas; ➤ Normas de submissão.
B3	Atender aos critérios para se enquadrar no estrato B4 e atender a 6 dos critérios abaixo. ➤ Missão/foco; ➤ Informar o nome e afiliação do editor; ➤ Informar nome e afiliação dos membros do comitê editorial; ➤ Divulgar anualmente a nominata dos revisores; ➤ Mínimo de dois números por ano; ➤ Informar dados completos dos artigos; ➤ Endereço de pelo menos um dos autores.
B2	Atender aos critérios para se enquadrar no estrato B3 e ➤ Informar sobre os trâmites de aprovação; ➤ Apresentar a legenda bibliográfica da revista em cada artigo; ➤ Ter conselho diversificado; ➤ Editor-chefe não é autor; ➤ Informação sobre processo de avaliação; ➤ Ter mais de três anos; e ➤ Ter pelo menos 1 Indexador (SCOPUS, EBSCO, DOAJ, GALE, CLASE, HAPI, ICAP, IBSS).

(Continua)

Artigo acabado: seleção do periódico

Tabela 4.1 Continuação

ESTRATO	CRITÉRIOS
B1	Atender aos critérios do estrato B2, e ➤ Ter mais de 5 anos; ➤ $0 <$ H-Scopus ≤ 4 ou $0 \leq$ JCR $\leq 0,2$, o que for mais favorável ao periódico. ou ➤ Estar na Scielo ou Redalyc. ou ➤ Ser periódico de uma das seguintes Editoras: Sage, Elsevier, Emerald, Springer, Inderscience, Pergamo, Wiley ou Routledge.
A2	$4 <$ H-Scopus ≤ 20 ou $0,2 <$ JCR $\leq 1,0$, o que for mais favorável ao periódico.
A1	Índice H da Base Scopus (H-Scopus) > 20 ou fator de impacto no Journal of Citation Reports (JCR)$> 1,0$, o que for mais favorável ao periódico. O índice H expressa o número de artigos (H) de um periódico que receberam H ou mais citações nos artigos de uma base definida de periódicos e no caso aqui escolhida a base Scopus. O índice tenta quantificar o impacto científico do periódico. O fator de impacto de um periódico divulgado pelo JCR é baseado em dois elementos: o numerador, que é o número de citações no ano corrente a quaisquer itens publicados em um periódico nos últimos n anos, e o denominador, que é o número de artigos publicados nos mesmos n anos. O fator de impacto publicado pelo JCR considera as bases da ISI *Web of Science* da *Thomson Scientific Reuters* para o cálculo.

Fonte: http://qualis.capes.gov.br/webqualis/publico/documentosDeArea.seam?conversationPropagation=begin (documento em PDF). Acesso em: 1º out. 2014.

Capítulo 4

Observando a informação na tabela, vale notar que atualmente (para o triênio 2010-2012), os periódicos podem subir até ao estrato B3 se cumprirem aspectos que são, essencialmente, de organização e transparência do processo editorial. O estrato B2 já exige que o periódico exista há, pelo menos, três anos. No entanto, para atingir o estrato B1 precisa ser editado por uma das editoras referidas, ou estar incluso no Scielo ou Redalyc, ou ter um dado índice Scopus ou JCR e ter cinco anos de existência. A partir deste *plateau* requer-se a existência de um fator de impacto (H-Scopus ou JCR) mais alto.

A análise dos periódicos nacionais brasileiros mostra que em 2014 apenas seis periódicos em Administração são classificados como A2 (RAC, BAR, RAUSP, RAE, Organizações e Sociedade, BBR) e apenas dois têm fator de impacto ISI (a RBGN, que é classificada como B1, e a RAE).

Uma dúvida frequente é: como um periódico é adicionado ao Qualis? Primeiro, exige que um pesquisador afiliado a um programa de *stricto sensu* publique nesse periódico. Depois, a equipe da Capes avaliará (usando a Tabela 4.1, e outros indicadores) em que estratos esse periódico pode ser classificado. No entanto, importa entender que há um sistema de cotas que diz o seguinte: "o número de periódicos classificados como A1 ser menor que o número de periódicos classificados como A2; A1+A2 representar no máximo 25 % do total de periódicos qualificados da área; e a soma dos periódicos em A1, A2 e B1 não ultrapassar 50 % do total de periódicos qualificados pela área." (Documento da área 2013, disponível em: http://www.avaliacaotrienal2013.capes.gov.br/documento-de-area-e-comissao.)

Uma forma de medir o impacto do periódico é usando o *Journal Citation Report* (JCR). Na Tabela 4.2 mostro o fator de impacto para uma seleção de periódicos. Essas listas do ISI (Institute for Scientific Information) e de fatores de impacto são consideradas, talvez mais especialmente, em universidades norte-

Artigo acabado: seleção do periódico

americanas e europeias, nas decisões de contratação e *tenure* dos professores. Mas mesmo no Brasil o fator de impacto é considerado na classificação Qualis a que me referi anteriormente.

No entanto, não há listas ou classificações únicas. Por exemplo, a professora Ann-Will Harzing publica regularmente uma listagem na qual compila informação relativa a vários periódicos nas diferentes disciplinas de Administração. Essa lista – que designa por *Journal Quality List* – está disponível para acesso gratuito no sítio de internet: www.harzing.com/jql.htm (ver Figura 4.2). Mas, interessa entender o que cada lista inclui e como as avaliações são feitas.

Tabela 4.2 Lista de periódicos com fator de impacto (2011)

PERIÓDICO	FATOR DE IMPACTO HÁ 5 ANOS	FATOR DE IMPACTO 2011
Academy of Management Review	11,4	6,1
Academy of Management Journal	10,5	5,6
MIS Quarterly	7,5	4,5
Journal of Marketing	7,0	5,4
Academy of Management Annals	6,9	4,4
Journal of Management	6,8	4,6
Administrative Science Quarterly	6,5	4,2
Strategic Management Journal	6,3	3,8
Organization Science	5,6	4,3
Journal of Management Studies	5,2	4,3
Journal of International Business Studies	5,1	3,4
International Journal of Management Review	5,0	3,6
Academy of Management Learning and Ed.	4,1	4,8
Entrepreneurship Theory & Practice	3,6	2,5

(Continua)

Capítulo 4

Tabela 4.2 Continuação

PERIÓDICO	FATOR DE IMPACTO HÁ 5 ANOS	FATOR DE IMPACTO 2011
Management Science	3,3	1,7
Organization Studies	3,3	2,3
Journal of Business Research	2,5	1,9
British Journal of Management	2,5	1,5
Journal of Business Research	2,5	1,9
California Management Review	2,4	1,7
Long Range Planning	2,4	2,2
Harvard Business Review	2,2	1,3
Business Ethics Quarterly	2,0	2,2
Asia Pacific Journal of Management	Não tem	3,1
Revista Administração de Empresas: RAE	Não tem	0,2
RBGN – Revista Brasileira Gestão de Negócios	Não tem	0,1

Nota: fatores de impacto de JCR – *Journal Citation Report*.

Alternativas de análise podem incidir sobre as citações que cada pesquisador tem. Assim, alguns usam as citações coletadas pelo Google Scholar. É relevante salientar que, usualmente, o número de citações no Google Scholar é superior, comparado, por exemplo, ao JCR, porque o Google capta citações em outros tipos de trabalhos que não artigos.

Artigo acabado: seleção do periódico

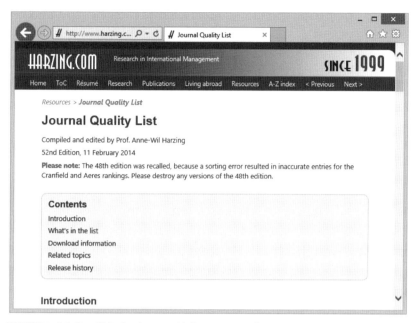

FIGURA 4.2 Qualidade dos periódicos: Lista de Harzing.

(Fonte: www.harzing.com/jql.htm)

Os benefícios da publicação não são exclusivos dos pesquisadores. Os *rankings* de universidades têm uma forte componente relacionada direta e indiretamente com a pesquisa realizada. Na realidade, as instituições (universidades, centros de pesquisa) se beneficiam dessa produção para:

- construir a sua reputação/notoriedade na comunidade e agências reguladoras;
- obter financiamento de agências de fomento;
- atrair mais (e melhores) alunos que procuram universidades de maior reputação e onde possam continuar os estudos (de graduação para mestrado e para doutorado);
- atrair mais professores interessados em integrar um ambiente intelectualmente mais fértil;
- melhorar a qualidade do ensino, pela incorporação de novos conhecimentos;

Capítulo 4

> obter legitimidade na comunidade (a sociedade tem expectativas sobre a conduta de pesquisa nas universidades), e nas agências (Capes).

Assim, a recomendação é que você procure sempre publicar os seus trabalhos nos periódicos melhores, mais reputados ou com maior fator de impacto. A probabilidade de o seu artigo ser visto, lido e citado é substancialmente maior se publicar num periódico de maior impacto.

É para melhorar a probabilidade de conseguir publicar os seus trabalhos que você está lendo este livro. Mas, nessa fase, o artigo está completo. O trabalho de pesquisa e redação está feito. Assim, antes de submeter apenas sugiro que procure o melhor ajustamento do seu artigo ao periódico e que analise as seguintes dicas.

ANTES DE SUBMETER O ARTIGO, FAÇA UMA ÚLTIMA AVALIAÇÃO

Se está pronto a submeter o artigo é porque já demorou o seu tempo melhorando e revendo o manuscrito, recebendo comentários de colegas, apresentando o artigo em conferências, seminários, *workshops*, seminários *brown bag* etc. As sugestões estão incorporadas, e está tudo pronto. Ainda assim, faça uma última verificação:

> Veja se o artigo está "completo" e não deixou de fora figuras, tabelas, anexos, lista de referências.

> Confirmou todas as referências e a lista está mesmo completa.

> Corrigiu o texto e passou o corretor de ortografia e gramática que o próprio MsWord disponibiliza.

> Verificou que as normas de formatação das referências e estilo (numeração, maiúsculas etc.) estão ajustadas ao periódico.

> Verificou a extensão do manuscrito (alguns periódicos têm restrições quanto à extensão do manuscrito. Por exemplo, o *Journal of Business Research* limita a 8.000 palavras).

Artigo acabado: seleção do periódico

> Incluiu o Resumo/*Abstract*, de acordo com as normas do periódico.

> Seguiu as normas quanto à posição de tabelas e figuras (alguns periódicos pedem que estas venham no final do manuscrito).

> Verificou se não tem o "realçar alterações" ou comentários, ou marcações em cores ao longo do texto.

> O tipo e tamanho de letra são consistentes.

> O artigo não está submetido a outro periódico. Você só pode submeter a UM periódico de cada vez.

> Carta de submissão? Alguns periódicos permitem escrever uma breve carta. É uma oportunidade para convencer o editor de que o artigo se ajusta ao periódico e é relevante, merecendo ser analisado.

Boa sorte!

5

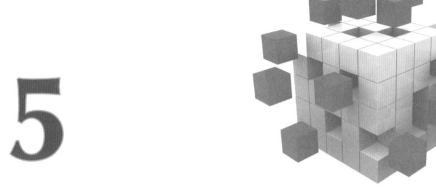

O processo editorial

Há algumas ideias preconcebidas e algum mistério envolvendo o processo de publicação e o que se passa dentro dos periódicos (Beyer, Chanove e Fox, 1995). Entender como decorre o processo editorial dentro dos periódicos – ou seja, o que acontece ao seu artigo quando o submete, quem o lê, como é avaliado, e como e quem chega ao resultado final – é importante para os pesquisadores. Poucos pesquisadores são editores de periódicos, pelo que poucos conhecem, efetivamente, o processo. O objetivo com este capítulo é que, munido dessa informação, o pesquisador consiga aumentar a probabilidade de conseguir publicar. No Capítulo 6, a seguir, trato em maior profundidade um dos resultados possíveis da submissão: a rejeição. Contudo, noto já que uma rejeição não deve conduzir à desmoralização para pesquisas futuras.

Também nesse domínio da submissão a periódico, não tenho novos *insights* que possa partilhar para conseguir publicar em periódicos de topo, exceto: planejar o trabalho de pesquisa antes de começar a executá-lo, seguir as normas do trabalho científico, dar muita atenção à qualidade da redação (incluindo aqui a forma como as frases são escritas e como os parágrafos são organizados) e empenhar-se nas sucessivas revisões do manuscrito antes de submetê-lo. Embora não seja nada de novo, é sempre bom recordar que a contribuição (o novo conhecimento gerado e sua utilidade) é, talvez, um dos aspectos que merecem ser intensamente trabalhados antes de submeter o artigo a um periódico nacional ou internacional de elevada estatura.

Conhecer e saber como navegar todo o processo que vai da submissão inicial até a resposta aos revisores em cada rodada de revisão (R&R) do manuscrito é crucial para ter sucesso. O sucesso aqui é medido pela publicação. O desenvolvimento cuidado de um artigo é fundamental, mas não é garantia de publicação. Há um elemento que Samkin (2011) chama de loteria, porque existe sempre um elemento de sorte em todo o processo, como seja a sorte de ter revisores que partilhem a nossa perspectiva, que sejam construtivos nos seus pareceres e que acompanhem as nossas alterações, ou que compreendam a impossibilidade de atender a todas as sugestões. Acrescento a estes a sorte de ter um revisor que efetivamente se dedique à avaliação. Mas, a sorte começa a ser construída antes da submissão, no planejamento cuidadoso da pesquisa, no levantamento exaustivo da literatura, no pensamento crítico das hipóteses, na coleta de dados, na análise escrupulosa dos resultados etc. Assim, publicar consistentemente em periódicos bem reputados não pode ser atribuído apenas à sorte. A persistência para conseguir ter um trabalho de maior qualidade, e o cuidado nas respostas aos revisores, acabará por derrotar eventual má sorte.

5.1 Publicar como um sistema

Represento o processo editorial e de publicação na Figura 5.1, seguindo a proposta de van Wyk (1998), que analisou o que designou por publicar como um sistema. É um sistema com os seus agentes – autores, revisores, editores, leitores e comunidade –, com um processo – as etapas que analisamos –, com objetivo (o de ge-

Capítulo 5

ração de conhecimento, de aprendizagem) e com um sistema de recompensas sociais e materiais para o pesquisador e para a universidade de acolhimento. A área de Administração não é diferente, pelo que importa entender, como se desenvolve o processo de submissão e possíveis resultados.

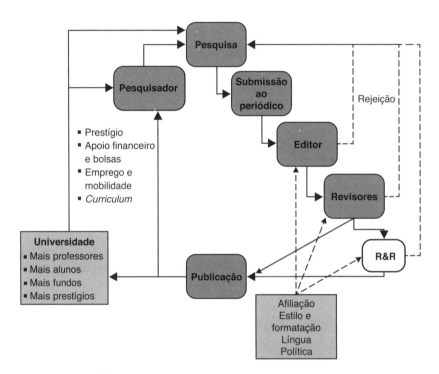

FIGURA 5.1 Publicar como um sistema.

(Fonte: Adaptado de van Wyk (1998). Publish or perish: A system and a mess. *System Practice and Action Research*, 11(3): 247-259.)

5.2 As etapas do processo editorial

Ainda antes de analisar as etapas, recorde o capítulo anterior sobre a seleção do periódico mais apropriado. Analise o Qualis e a classificação de cada periódico, analise também o JCR (*Journal Citation Report*) e seja realista ajustando a sua escolha de periódico à qualidade efetiva e ao tipo de artigo.

O processo editorial

Provavelmente não será racional enviar um artigo de média qualidade para um periódico de alta classificação. Uma vez escolhido o periódico, verifique se cumpre todas as normas relativas a identificação de autores, resumo, formatação de títulos e subtítulos, inserção de figuras e tabelas e o normativo para as referências. Depois desta última verificação, começa então o processo com a submissão do artigo ao periódico (van Teijlingen e Hundley, 2002).

Acompanhe a explicação do processo com a representação das etapas na Figura 5.2. Uma vez submetido o artigo, espere pela resposta do editor. É usual os editores fazerem uma avaliação preliminar quanto a qualidade geral, contribuição, adequação à revista, qualidade da redação etc. (van Teijlingen e Hundley 2002; Tight, 2003; Clark, Floyd e Wright, 2006). Em alguns casos há, também, uma análise pelo secretariado para verificar se o manuscrito segue as normas de formatação e extensão. Esse processo de análise prévia pelo editor pode ter um dos três desfechos seguintes: o editor aceita o artigo para publicação, o artigo é rejeitado, ou o editor envia para avaliação de revisores. Descrevo em mais detalhes em seguida.

Um desfecho possível da avaliação pelo editor é o aceite. Se tiver o manuscrito aceite logo nessa fase inicial, o que raramente ocorre, recomendo que celebre o sucesso! Tenha consciência, no entanto, que raramente isso acontece, sobretudo se tiver submetido para um periódico de topo.

Um segundo desfecho, com alto grau de probabilidade, é que o editor decida rejeitar o artigo, situação designada habitualmente como *desk rejection*. Por exemplo, no Brasil, um editorial de 2013 do professor Eduardo Diniz, editor-chefe da *Revista de Administração de Empresas* (*RAE*), dava conta da situação específica. Na RAE, em 2012, 57 % dos artigos submetidos não passaram a fase de escrutínio inicial, tendo sofrido um *desk reject*. O editor pode rejeitar o artigo imediatamente por vários motivos, como, por exemplo: o artigo não se enqua-

Capítulo 5

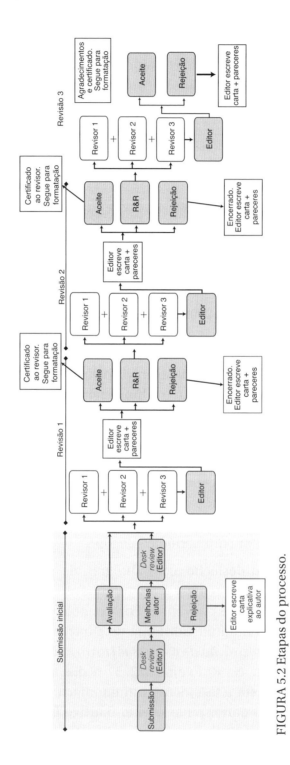

FIGURA 5.2 Etapas do processo.

(Fonte: o autor, com um agradecimento ao professor Nuno Reis pelo apoio gráfico.)

drar na missão ou foco da revista ou por, na opinião do editor, o manuscrito não ter qualidade suficiente para ser enviado para revisores, por erros que identifica na sua leitura, ou até por a revista ter publicado recentemente um artigo sobre tema idêntico. Infelizmente, pode também acontecer que o editor rejeite apenas por o artigo não se enquadrar nas suas preferências pessoais. Todos os periódicos incluem uma etapa de avaliação pelo editor (ou editor adjunto), ainda que a exigência envolvida nessa avaliação pelo editor possa variar com o estatuto do periódico. Se o manuscrito for rejeitado, o editor informa o autor, que pode então fazer eventuais ajustes e submeter a outro periódico. Mas, recomendo que, caso o editor tenha dado alguns comentários e sugestões, analise se é possível incorporar as sugestões antes de nova submissão a outro periódico. Nesses casos, o processo recomeça com a escolha de outro periódico. Um artigo rejeitado não pode, usualmente, ser ressubmetido ao mesmo periódico, pelo menos sem uma profunda alteração.

O terceiro desfecho é o editor considerar que o manuscrito tem mérito suficiente pelo que decide enviar o manuscrito para avaliação por pares. Designamos por pareceristas ou revisores (*referees*) quem faz a avaliação. Usualmente, ele escolherá dois ou três avaliadores, com conhecimento na área específica do manuscrito que foi submetido, a quem solicitará uma análise, dará alguma indicação sobre as práticas e expectativas do periódico (ou apenas um formulário de avaliação) e concede um período de tempo para a avaliação ser devolvida (Tight, 2003).

A prática vigente é que este processo de avaliação pelos pares decorra em sistema de *double blind review* – para evidenciar que nem o autor sabe quem é o avaliador, nem o avaliador sabe quem é o autor. Portanto, a expressão *double blind* não significa que serão dois avaliadores, podem ser três ou quatro: o *double* apenas se refere a que autores e revisores não conhecerem as identidades da outra parte. Garante-se, assim, a imparcialidade que relações pessoais ou o *status* relativo de alguns autores poderiam levar o avaliador a aceitar para publi-

Capítulo 5

cação trabalhos que não cumprem os requisitos de qualidade desejáveis. Se o manuscrito está nesta fase, espere pelas avaliações antes de fazer alterações no manuscrito ou submeter a outro periódico. Você não pode, pelas normas, submeter, simultaneamente, um artigo a vários periódicos.

Alguns pensam que o objetivo e função primeira do editor e revisores é rejeitar todos os artigos, exceto os melhores. Na realidade, embora o editor tenha um papel ativo no processo, são os revisores os principais atores no processo (Beyer, Chanove e Fox, 1995; Shugan, 2007). A função primeira do editor é garantir que consegue fechar o número no prazo estipulado, para o que precisa atrair e manter no processo um conjunto de artigos que consiga sobreviver ao processo e possa publicar. Ainda assim, não menospreze o impacto que o editor pode ter. Afinal, é o editor quem faz a primeira avaliação (no *desk review*) e decide quais os artigos que são imediatamente rejeitados e quais continuam no processo. Objetivamente, nos periódicos mais reputados a tarefa é simplificada porque estes já atraem os melhores artigos. Nos periódicos menos "cotados", a tarefa maior é atrair artigos e zelar pelo bom desenrolar do processo editorial.

Como se observa na Figura 5.2, o editor receberá as avaliações dos pareceristas. É com base nessas avaliações, e na sua própria análise, que decidirá por um dos três resultados: aceite para publicação sem mais alterações, rejeição ou R&R (*revise and resubmit*). Então, escreve uma carta aos autores, à qual junta os pareceres. No caso de conceder a oportunidade de rever o manuscrito, os autores devem seguir as sugestões e comentários dos revisores e do editor, fazer alterações no manuscrito e escrever cartas de respostas individuais a cada revisor e ao editor. O artigo e as respostas são ressubmetidos ao periódico para nova avaliação. O ciclo repete-se com nova avaliação pelos mesmos revisores, que remeterão as suas avaliações ao editor, e novamente o desfecho conterá uma das três situações: aceite, rejeitado ou R&R. O artigo pode continuar no processo por várias rodadas, mas é usual que haja um máximo de três ou quatro rodadas de avaliação e revisão até uma decisão final.

Após as diversas rodadas haverá uma decisão final, com a aceitação ou rejeição final.

Mas, quando falamos de rejeição pelos periódicos, qual a magnitude do fenômeno? A taxa de rejeição será tão maior quanto maior for a qualidade (ou *ranking*) do periódico. Infelizmente poucos periódicos disponibilizam essas informações. Ainda assim, o conhecimento comum é que em periódicos internacionais de maior reputação as *desk rejections* podem ser de 40, 50, 60 % ou superiores. Por exemplo, no *Quarterly Journal of Economics* foi de 62 % em 2011, e uma nota editorial de 2005 do *Academy of Management Journal* assinalava que em 2004 a taxa de *desk rejects* fora de 30 %, e podemos supor que atualmente seja bastante superior. As taxas de rejeição totais, incluindo aqui os manuscritos que passam por revisão mas acabam não sendo aceitos para publicação, atingem valores muitas vezes próximos dos 90 % (Clark et al., 2006). Ou seja, nos artigos submetidos aos melhores periódicos, o mais provável, ou a norma, é a rejeição.

5.3 O papel dos revisores e o que efetivamente fazem

A análise pelos revisores é muitas vezes mal-entendida e até criticada por castrar a criatividade dos pesquisadores, mas é o processo que existe (Beyer, Chanove e Fox, 1995; Miller, 2006; Tsang e Frey, 2007). Alguns autores referem-se ao processo de revisão como prostituição (Frey, 2002) na medida em que são impostas ao autor preferências subjetivas que este tem de acolher dos comentários dos revisores, eventualmente perdendo a sua originalidade (Tsang e Frey, 2007). Outros, ainda, referem-se a censura (Casadevall e Fang, 2009). E, há evidência de que a qualidade do processo de revisão pelos

Capítulo 5

pares não é completamente fiável (Garfunkel et al., 1990). Em experimentos, alguns estudos analisaram como artigos aceitos e já publicados em periódicos foram avaliados e muitas vezes rejeitados quando submetidos à nova avaliação (ver, por exemplo, Garfunkel et al., 1990). Ainda assim, o objetivo do processo é melhorar a qualidade dos artigos publicados (Miller, 2006; Macdonald e Kam, 2007, 2008). De fato, a avaliação é sempre subjetiva, pelo que acontece que, para o mesmo artigo, dois ou três avaliadores formulem julgamentos bastante díspares. Por exemplo, entre três revisores, um pode recomendar aceitar o artigo, outro sugerir grandes alterações e o terceiro rejeitar. Cumpre sempre ao editor analisar os pareceres e decidir por uma resposta sobre o seguimento do artigo no processo.

O principal papel dos revisores é avaliar criticamente um manuscrito que lhes é remetido. O processo científico é baseado na convicção de que a ciência publicada requer a avaliação por pares e de que o processo de revisão ajuda a melhorar a qualidade final dos trabalhos publicados. Assim, idealmente, os revisores proporcionarão aos autores sugestões e comentários construtivos, numa revisão concluída dentro do prazo solicitado, e que seja imparcial, correta, educada e não hostil (Bedeian, 2003, Miller, 2006). Com frequência os periódicos dispõem do seu próprio manual de boas práticas para os revisores, com indicações do que esperam dos revisores.

Os revisores nomeados recebem um formulário em que farão a avaliação, juntamente com o manuscrito e o convite para fazerem a avaliação do manuscrito. Esse formulário tem, frequentemente, duas partes principais: uma itemizada e outra para escrita livre. Na parte itemizada é comum que os itens foquem uma avaliação do manuscrito quanto à qualidade de:

> interesse do tema para a área (no fundo é a adequação ao periódico);

O processo editorial

- › formulação da questão de pesquisa ou problema de investigação;
- › clareza do objetivo;
- › qualidade da revisão da literatura;
- › rigor metodológico (procedimentos, amostra, variáveis);
- › análise dos resultados;
- › organização do manuscrito e fluidez dos argumentos;
- › discussão e contribuição.

A parte de escrita livre pode ser direcionada para os itens ou ser simplesmente constituída por campos livres em que o revisor escreve a sua análise, comentários e sugestões. O formulário termina solicitando uma recomendação final em que as opções se podem dividir em: (1) aceitar, (2) pequenas revisões necessárias, (3) grandes revisões necessárias, e (4) rejeitar. É também frequente que, em carta separada e para visualização apenas pelo editor, seja pedido ao revisor que explique a sua avaliação e o porquê da recomendação final.

Concluo esta seção notando que muitos editores convidam para revisores dos artigos os acadêmicos mais reputados – obviamente, o corpo editorial de um periódico é também um sinal do seu *status*. No entanto, há alguma evidência de que a qualidade do trabalho de revisão varia inversamente com a senioridade e o *status* do próprio avaliador (Stossel, 1985; Finke, 1990; Judson, 1994). Naturalmente os pesquisadores mais seniores tendem a desempenhar inúmeras outras funções e têm menos tempo disponível para o trabalho de revisão. O fato é que o trabalho de revisão para periódicos no Brasil tem por únicas compensações o senso de serviço e o benefício de aceder ao mais novo conhecimento que está sendo gerado (Laband, 1990).

Capítulo 5

5.4 Alguns mitos

Há alguns mitos e ideias preconcebidas envolvendo o processo editorial (Samkin, 2011) que temos de desmistificar. Por exemplo, o mito de que há uma única forma, e uma medida exata, que os revisores usam na avaliação dos artigos. Se assim fosse todos os revisores dariam um parecer semelhante. A realidade é que os pareceres dos revisores podem ser substancialmente distintos, e, como mencionei, não são raros os casos em que três revisores dão inclusive recomendações diferentes: um rejeita, outro aceita e outro pede alterações. Certamente são do conhecimento os inúmeros casos de insucessos (ou aparentes insucessos) do sistema, em que artigos que viriam a se tornar referências do conhecimento em áreas específicas foram rejeitados diversas vezes antes de serem publicados (ver, por exemplo, Shugan, 2002, 2007). Embora existam vários casos desses, vale recordar as rejeições do artigo de Akerlof, prêmio Nobel, no qual desenvolve a ideia de *"market for lemons"*, que foi rejeitado por periódicos como *American Economic Review*, *Journal of Political Economy* e *Review of Economic Studies* com alegações de trivialidade e incorreção antes de ser publicado no *Quarterly Journal of Economics*. Portanto, a assunção de que o processo é perfeito e os editores e revisores são absolutos conhecedores é falaciosa. Há disfunções no processo (Starbuck, 2005), e alguns manuscritos que deviam ser publicados são rejeitados, enquanto outros manuscritos que deviam ser rejeitados são aceitos (Shugan, 2007).

O segundo mito é o de que todos os revisores são profissionais dedicados e empenhados na sua contribuição para a ciência, pelo que empenharão o seu melhor esforço em cada avaliação que lhes é solicitada. A realidade é que muitos professores pesquisadores têm agendas bem preenchidas entre os requisitos de intervenção na comunidade, o ensino, as funções administrativas, a orientação de estudantes, a sua própria pes-

O processo editorial

quisa e, para alguns, uma vida pessoal. Assim, esses pesquisadores não dispõem de tempo para ajudar os autores a melhorar as suas pesquisas, fazendo recomendações profundas. Os revisores analisam o manuscrito que lhes é submetido, não o seu potencial após profundas alterações.

Há, ainda, o mito de que os revisores têm a capacidade de avaliar qualquer manuscrito quanto à qualidade da pesquisa e da exposição escrita, dado que eles próprios são excepcionais pesquisadores e escritores. A realidade é que o conhecimento é muito amplo. Há muitas diferenças entre disciplinas, há diferenças metodológicas, há uma literatura imensa em todas as áreas e, cada vez mais, os pesquisadores desenvolvem competências em áreas muito restritas do conhecimento. Aqui os editores dos periódicos têm um papel crucial e deveriam selecionar os revisores em face de suas áreas de competência. Infelizmente, alguns editores, ocasionalmente, solicitam a avaliação de manuscritos bem fora da área de *expertise* dos pesquisadores – o que acabará por prejudicar a qualidade do parecer formulado.

Outros mitos envolvem a publicação. Apesar da ausência de evidência estatística fiável, alguns pesquisadores desconfiam que fatores como ter um "nome importante" ou conhecer o editor ajudam a publicar. No entanto, note que os acadêmicos não desenvolvem um bom nome para si sem que antes tenham feito o trabalho. Ou seja, o "bom nome" adquirido ao longo de um histórico de publicações é como uma marca que tem o potencial de sinalizar a maior qualidade do produto acadêmico. Também pode sinalizar a competência de ser capaz de fazer eficazmente as alterações ao manuscrito que satisfarão os revisores. Assim, em caso de dúvida é possível que o editor mais facilmente conceda a possibilidade de revisão a um "nome importante" que a um jovem doutorando. Mas a possibilidade de esta disfunção realmente ocorrer, não deve desencorajar os jovens pesquisadores de realizar pesquisa, publicar e construir o seu bom nome como pesquisador prolífico.

Capítulo 5

Um mito em ascensão, não específico ao processo editorial, é o de que a boa pesquisa só existe se escrita em inglês. É verdade que os periódicos de maior reputação são internacionais e só publicam artigos em inglês. Mas, não podemos eliminar liminarmente os pesquisadores que não tenham tido a sorte de nascer num país anglo-saxônico porque só aí reside a verdade. Nem tampouco os que não dominam a língua inglesa com a proficiência exigida para publicação. Talvez esse mito esteja sendo alimentado pela crescente incorporação de critérios de avaliação da pesquisa associados aos fatores de impacto dos periódicos em que os artigos são publicados. Assim, a minha sugestão é que, independentemente, da sua proficiência na língua inglesa, envie o artigo para um editor profissional de inglês antes de submetê-lo. Mas não posso deixar de incentivar que também escreva em português e publique em periódicos nacionais – estas publicações serão especialmente lidas por outros pesquisadores nacionais e estudantes, inclusive de graduação e pós-graduação. Importante é ter a consciência que estes artigos escritos e publicados em português não serão internacionalmente muito citados.

Finalmente, temos o mito, talvez mais impactante para a publicação internacional, em especial nos países cuja língua não é o inglês, de que são as deficiências de escrever em língua estrangeira que impossibilitam a publicação. Um estudo de Ehara e Takahashi (2007) sobre as taxas de rejeição analisou a origem geográfica e a língua materna dos autores que submeteram ao *American Journal of Roentgenology* (AJR) e concluiu que a taxa de aceitação quando os autores têm inglês como primeira língua (40,3 %) é maior do que quando não têm (29,1 %), mas que as barreiras linguísticas não foram a principal razão para a rejeição (exceto para manuscritos oriundos da China). As debilidades ao nível da contribuição e geração de novo conhecimento foram a principal razão apontada para a rejeição, independentemente da língua (44 a 76 % de todas as rejeições). Outras deficiências fundamentais incluíram erros metodológicos, erros na análise de dados, artigos mal escritos etc. Os problemas com a língua foram identificados como apenas o 13.º fator que poderia levar à rejeição.

5.5 Notas finais

A comunidade científica tem inerente um processo de autorregulação que visa garantir que as normas e procedimentos do trabalho científico são seguidos na geração de novo conhecimento. Através de um sistema de avaliação pelos pares, a comunidade procura garantir que o conhecimento que é produzido e divulgado reflete os altos padrões de qualidade que a comunidade considera apropriados. Embora existam vieses e imperfeições que todos reconhecem, o processo de autorregulação tem funcionado razoavelmente bem. Trabalhos de pesquisa que nada de novo avançam sobre o que já é conhecido e não mostram um contributo teórico que justifique a sua publicação provavelmente acabarão por ser rejeitados.

Sendo a rejeição a norma, ou o resultado mais provável da submissão, importa analisá-la em maior detalhe. Tratarei esse aspecto com mais ênfase no Capítulo 6, mas noto que o próprio processo editorial também pode impactar no desfecho. Como a avaliação pelos pares é sempre subjetiva, poderá haver questões menos científicas, como as questões de gosto, de interesse, de ponto de vista conceitual, que, diferindo entre o autor e algum revisor, conduzem ao desfecho da rejeição. Também uma seleção incorreta dos revisores pode dificultar a publicação. Ainda assim, é importante entender o processo editorial para entender como o navegar.

6

Resiliência e resistir à rejeição para o sucesso na carreira

Um dos resultados possíveis do processo de submissão de um artigo para publicação é a rejeição, como vimos no Capítulo 5. Embora este não seja, obviamente, o resultado desejável, é importante entender o que isso significa e como proceder em seguida. Os pesquisadores que fizeram os seus doutorados em universidades norte-americanas ouviram a insistência com que os professores falavam da necessidade de desenvolver uma *"thick skin"*. Em essência, isso significa a capacidade de reagir à rejeição e a comentários desfavoráveis.

A capacidade de reagir a rejeições, ou ter uma *"thick skin"*, é, em minha opinião, um dos principais atributos que diferenciam os autores mais prolíficos. A rejeição não é fácil, mas lembre-se de que o que foi rejeitado foi um dos seus artigos, em apenas um periódico, e por apenas dois ou três revisores. Não foi você e todo seu trabalho passado ou futuro, nem a sua capacidade de fazer boa pesquisa e bons artigos.

As rejeições fazem parte da profissão de pesquisador. Mas, a rejeição magoa no ego. Estou convicto de que nenhum autor, professor pesquisador ou estudante, deseja receber rejeições de periódicos. No entanto, uma rejeição não é motivo para total frustração, e não é inédito que após receber uma rejeição e trabalhar na revisão do manuscrito se consiga uma publicação num periódico de maior reputação e impacto que aquele a que havia inicialmente submetido. Uma rejeição não é, assim, usualmente, uma indicação de que não há salvação para o manuscrito. Mas é sinal que há que melhorar, e com a vantagem de já ter comentários e sugestões de avaliadores (*referees*) anônimos.

6.1 O fenômeno da rejeição

Identificar as taxas de aceitação, ou rejeição, dos diferentes periódicos não é tarefa simples. A maioria dos periódicos não disponibiliza essa informação. É possível ver alguma informação sobre os periódicos e respectivas taxas de rejeição no Cabell's Directory of Publishing Opportunities, mas o acesso não é gratuito. As taxas de aceitação são, também, disponibilizadas pela American Psychological Association (APA) em www.apa.org/pubs/journals/statistics.aspx. As taxas de rejeição e de aceitação variam muito com a classificação dos periódicos, e, usualmente, os periódicos com menores taxas de aceitação são os mais prestigiados (Krueger e Shorter, 2011). Mas, importa notar que não há aqui uma relação de causa e efeito direta entre taxas de rejeição e impacto dos periódicos; o que há é que os periódicos com maior impacto são mais procurados e têm muito maior volume de submissões, levando o editor e os avaliadores a usarem critérios mais exigentes.

Lorraine Eden (2009), enquanto editora do *Journal of International Business Studies*, o mais reputado periódico em negócios internacionais, relatou que entre 2002 e 2008 o número de submissões havia duplicado, para cerca de 43 por mês em média, e que a taxa de aceitação tinha baixado para cerca de 15 %. Os dados da American Psychological Association (APA) para

Capítulo 6

2012 apontavam que alguns periódicos tinham taxas de rejeição bastante altas, como: *Journal of Applied Psychology* (93 %), *Journal of Personality and Social Psychology* (88 %), *Psychological Review* (85 %), *Journal of Consumer Psychology* (90 %), entre outros (fonte: http://www.apa.org/pubs/journals/statistics. aspx), mas não é incomum nas ciências sociais identificar taxas de rejeição similares. Assim, a rejeição, nesses periódicos, é a norma e não a exceção.

Em Administração, Daniel Hamermesh, com dados de 2008, reportou taxas de aceitação extremamente baixas em alguns periódicos (taxas de aceitação entre parênteses): *American Economic Review* (7 %), *Econometrica* (9 %), *Journal of Political Economy* (5 %), *Quarterly Journal of Economics* (4 %), *Economica* (11 %), *Economics Letters* (17 %), *European Economic Review* (9 %), RAND *Journal of Economics* (11 %), *American Sociological Review* (8 %), entre outros.

6.2 Os porquês da rejeição

Mas por que os artigos são rejeitados? Quais as suas principais debilidades? Certamente que há múltiplos motivos possíveis para a rejeição. Uma parte crescente dos artigos é rejeitada logo pelo editor no *desk review* e apenas os artigos que conseguem ultrapassar esta primeira etapa seguem no processo. Certamente, também, a avaliação pelos pares é subjetiva, pelo que em alguns casos podem ser questões de gosto, de interesse, de ponto de vista, que diferindo entre o autor e algum revisor conduzem à rejeição. Uma escolha inadequada do periódico pode ser outro motivo. No entanto, na maioria das vezes podemos identificar algumas lacunas mais frequentes que, pelo menos, ajudam à rejeição. Enuncio em seguida algumas dessas lacunas, mas saliento que é fundamental os autores procurarem aproveitar os comentários dos revisores para melhorar o artigo e conseguir a publicação numa submissão futura.

As razões mais comuns para a rejeição:

- O artigo não se enquadra bem ao periódico (se o autor tivesse analisado a missão e o tipo de artigos publicados, teria evitado essa situação).

- O artigo ainda precisa de muito trabalho antes de poder ser efetivamente publicável (possivelmente o autor submeteu um artigo numa fase ainda muito inicial e ao qual ainda não dedicou tempo suficiente na revisão e melhoria).

- O autor não seguiu as normas (*author guidelines*) do periódico – ainda que esse motivo, em geral, não conduza à rejeição direta, mas antes a uma solicitação para fazer o ajustamento, podendo ser subsequentemente ressubmetido ao mesmo periódico.

- O artigo está pobremente escrito; o estilo e redação são confusos, ambíguos, vagos e sem um foco evidente.

- O artigo não tem uma questão de pesquisa explícita, ou se tem não lhe responde.

- O artigo não contém um trabalho original; isto é, não tem contribuição, sendo apenas uma reprodução do que já tinha sido feito antes, ainda que em outro contexto.

- O artigo não é explícito em mostrar qual a contribuição.

- O artigo ignora um conjunto de literatura recente que é relevante e pertinente para o seu foco específico.

- Não segue uma estrutura de organização padrão.

- As hipóteses, no caso de trabalho empírico, não estão fundamentadas numa racionalidade conceitual clara.

- Refere uma contribuição e implicações que efetivamente não inclui.

- O artigo não tem rigor acadêmico, não usa estatísticas adequadas, a amostra é problemática, a unidade de análise é desajustada da componente conceitual (por exemplo, discute países, mas mensura ao nível de empresas ou de indivíduos).

Capítulo 6

> Ou, simplesmente, e não é incomum, não é mesmo um artigo – pode ser um relatório, um texto interessante, mas não cumpre os requisitos do pensamento científico.

Dada a importância que é atribuída à novidade nos artigos, ou à contribuição, na forma como trazem novo conhecimento e não serem apenas meras replicações de estudos existentes, a sugestão que usualmente dou aos meus alunos é que um artigo não é um conto de mistério do inspetor Hercule Poirot. Ou seja, não é para manter o mistério; e a regra é ser claro e explícito logo no início do artigo sobre o que trata, qual a teoria, a metodologia, os principais resultados e, muito importante, qual a contribuição que apresenta. O revisor e o leitor querem saber imediatamente por que devem ler o artigo e o que ele trará de novo. Depois, é preciso garantir coerência, pelo que sugiro que ao longo da escrita vá sempre voltando atrás e observando se o que afirmou no início sobre o que o artigo iria tratar se mantém, não perdendo o foco em cada uma das seções do artigo.

6.3 Diminuir a probabilidade de rejeição

Não tenho uma receita, nem um *insight* especial, para evitar a rejeição. No entanto, tenho um conjunto de indicações, de cuidados e práticas a seguir para diminuir a probabilidade de rejeição que qualquer pesquisador pode adotar. Ainda que estas sugestões não sejam novas, a realidade é que muitas vezes acabamos por não as seguir. A primeira é que muitos dos problemas que se verificarão mais tarde nos artigos emergem de uma menos boa especificação logo na fase inicial de concepção da pesquisa. Ou seja, insuficiente planejamento antes de realizar a pesquisa. Assim, sugiro que peça a colegas e estudantes de doutorado que analisem e realmente critiquem a ideia, a teoria, a questão de pesquisa, os métodos, as variáveis e a amostra. As críticas de revisores baseadas em questões metodológicas tendem a ser das mais difíceis de ultrapassar uma vez a pesquisa já realizada (ver Huff, 1998).

A segunda sugestão é que preste ainda mais atenção à redação. O padrão de escrita para publicação internacional, e mesmo nacional, está mudando rapidamente para um estilo simples, direto, na voz ativa, concisa, específica, com frases curtas e diretas e uma organização sequencial bem estruturada dos parágrafos (Huff, 1998; Booth, Colomb e Williams, 2008).

Ou seja, já não se pretende uma escrita acadêmica, no sentido popular usado para evidenciar algo difícil de entender, com muito jargão técnico e pretensioso. Novamente, uma revisão amigável por um colega pode ser muito útil, e importa notar que se o revisor amigável não entender algo ou tiver dúvidas é provável que, quando submeter a um periódico, o revisor também não vá entender. Mas, se não conseguir uma análise por um revisor amigável, considere utilizar os serviços de um editor de língua profissional. A qualidade da redação é realmente um aspecto que não pode ser minimizado em ciências sociais.

A terceira sugestão é selecionar bem o periódico em face das características do artigo (recorde as indicações do Capítulo 4). A maioria dos periódicos tem uma missão indicando o tipo de artigo mais adequado. Adicionalmente, vários periódicos dão indicação aos revisores de itens específicos que precisam analisar nas suas avaliações e disponibilizam esses critérios nas suas páginas de internet. Por exemplo, a American Psychological Association (2001, p. 6) oferece uma *checklist* com um conjunto de itens que os autores podem (devem) analisar para decidir se o seu manuscrito merece publicação (tradução minha com adaptações):

> A questão de pesquisa é relevante e o trabalho é original e importante?

> Os instrumentos usados têm fiabilidade e validade satisfatória?

> As medidas usadas são claramente relacionadas com as variáveis que a pesquisa pretende analisar?

Capítulo 6

> ➤ A concepção do artigo permite realmente testar as hipóteses?

> ➤ A amostra é representativa da população a que as generalizações se referem?

> ➤ O pesquisador seguiu os padrões éticos...?

> ➤ A pesquisa está num estágio de desenvolvimento que permita a publicação de resultados significativos?

Em Administração, pode-se ver um conjunto de recursos, incluindo os critérios que os revisores devem atender, para os periódicos *Academy of Management Review* (http://aom.org/Publications/AMr/Reviewer-Resources.aspx) e *Academy of Management Journal*.[1] No Brasil, a Anpad (Associação Nacional dos Programas de Pós-Graduação em Administração) tem inclusive um manual de *Boas práticas da publicação científica: Um manual para autores, revisores, editores e integrantes de corpos editoriais*,[2] aprovado em 2010. Na *RIAE – Revista Ibero-Americana de Estratégia*, por exemplo, o formulário de avaliação questiona, numa escala tipo Likert, sobre os seguintes aspectos:

> ➤ O artigo trata de elementos teóricos ou empíricos da área de Estratégia?

> ➤ O artigo apresenta novidade ou relevância científica (tema, teoria, método, resultado)?

> ➤ O título, o Resumo/*Abstract* e as palavras-chave representam uma boa ideia do artigo como um todo?

> ➤ O artigo tem qualidade no desenvolvimento conceitual ou teórico?

> ➤ A revisão de literatura tem qualidade?

> ➤ O artigo tem rigor metodológico?

> ➤ O artigo está bem escrito e é claro?

---

[1] Disponível em: http://aom.org/Publications/AMJ/Reviewer-Resources.aspx.

[2] Disponível em: http://www.anpad.org.br/diversos/informativo/boas_praticas.pdf.

Em seguida, em campos para escrita livre, pede uma avaliação para cada uma das seções principais do manuscrito:

- Introdução e problematização. Faça uma avaliação sobre a introdução, problematização e questão de pesquisa.

- Referencial teórico. Avalie se é contemplado o estado da arte sobre o assunto e se são utilizadas obras relevantes sobre o tema.

- Métodos e técnicas de pesquisa. Avalie se os métodos e as técnicas de pesquisa utilizadas permitiram a obtenção de resultados consistentes.

- Resultados. Avalie o rigor utilizado no relato dos resultados.

- Análise da discussão. Comente se há consistência na análise dos dados e se a discussão dos resultados é adequada.

- Conclusão ou considerações finais. Comente se a conclusão ou as considerações finais são coerentes com o problema e o objetivo propostos, assim como se elas contemplam as diversas partes do artigo.

- Avaliação geral. Aponte no espaço abaixo sugestões aos autores para melhoria do artigo quanto a: (a) Conteúdo (resumo, desenvolvimento, interpretação, métodos e conclusões); (b) Forma (estrutura, linguagem, legibilidade); (c) Comentários adicionais ao autor (concentre-se resumidamente nos pontos fortes e fracos observados nos tópicos anteriores).

Utilize o seguinte acrônimo – ACEITAÇÃO – quando escrever o seu artigo:

- **A**presentação é fundamental
- **C**onsidere os comentários e sugestões dos revisores
- **E**xamine criticamente o seu trabalho
- **I**neditismo – o artigo deve ser original e não publicado antes
- **T**ome o seu tempo com a revisão (a revisão e a reescrita demoram tempo)

Capítulo 6

> Adira às normas éticas
> Cuidadosamente avalie a qualidade da escrita
> A questão de pesquisa deve ser claramente expressa
> Observe a contribuição do artigo

6.4 Em caso de rejeição

Após receber uma rejeição, o que fazer? Recomendo que siga os passos seguintes:

> Primeiro, leia os comentários dos revisores cuidadosamente, mas guarde-os e deixe de lado durante uns dias. Ou seja, não faça nada de imediato. Provavelmente, mesmo que fique frustrado e queira enviar uma reclamação ao editor, a realidade é que isso, provavelmente, será de pouca ajuda. Assim, deixe passar a frustração antes de atuar e de voltar a trabalhar em melhorar o manuscrito.

> Segundo, não submeta o artigo imediatamente a outro periódico sem fazer alguma revisão substancial dos aspectos que conduziram à rejeição e sem verificar as orientações para os autores do novo periódico. O objetivo, após uma rejeição, é melhorar para uma publicação futura, e não ressubmeter para nova rejeição.

> Terceiro, analise quais os principais motivos por que o artigo foi rejeitado. Veja as sugestões e as críticas dos revisores e do editor. Quais dessas sugestões poderá trabalhar e melhorar e quais as que não consegue? Ou seja, veja o que pode fazer e o que não pode – por exemplo, por limitações nos seus dados. Identifique quais as limitações mais importantes e o que pode prejudicar a publicação do artigo.

> Quarto, em face das críticas recebidas, é realisticamente provável que o artigo cumprirá os requisitos de outro periódico? Muitas vezes a rejeição deve-se a uma má seleção do periódico e o artigo não ser adequado ao escopo ou ao

tipo de artigos que o periódico publica. Para evitar isso, antes de submeter, leia e busque entender o periódico e leia a sua missão. Ou seja, entenda o periódico. Mas, as limitações apontadas pelos avaliadores e editor também podem ser mais fundamentais e, nesse caso, é preciso fazer uma cuidada avaliação para entender como melhorar.

> Quinto, é voltar ao artigo e começar a assinalar o que precisa fazer e onde precisa fazer. Use, para isso, as sugestões dos revisores. Por exemplo, pode necessitar explicitar melhor a questão de pesquisa ou a contribuição, alterar o foco da revisão da literatura, rever a formulação das hipóteses, refazer a análise estatística, incluir testes de robustez, aprofundar a discussão das limitações etc. Ou seja, nesta etapa começa a organizar o trabalho futuro – mas, sem esquecer que já recebeu sugestões que podem ser usadas na revisão.

> Por último, rever todo o artigo.

Assim, a regra de ouro é: nem responder a uma rejeição no dia em que se recebe, nem ressubmeter o manuscrito exatamente na sua forma original para outro periódico porque provavelmente voltará a ter nova rejeição.

6.5 Reagir com humor ou indignação à rejeição

Na sequência de uma rejeição, alguns autores sentem a necessidade de expressar o seu descontentamento com o processo, ou os pareceres, e enviam cartas aos editores mostrando a sua discordância, insatisfação ou apenas frustração. Penso que é mais sensato não o fazer e deixar passar o momento inicial de frustração para, mais claramente, analisar o que poderia ganhar (ou perder) com essa ação. Como já referi antes, usualmente há motivos válidos que presidiram à rejeição, ainda que eu não duvide de que a subjetividade do processo, ou uma escolha menos ótima do revisor, possa ter conduzido ao desfecho.

Capítulo 6

Transcrevo em seguida duas cartas de resposta "bem-humoradas".

"I shall skip the usual point-by-point description of every single change we made in response to the critiques. After all, it is fairly clear that your anonymous reviewers are less interested in the details of scientific procedure than in working out their personality problems and sexual frustrations by seeking some kind of demented glee in the sadistic and arbitrary exercise of tyrannical power over hapless authors like ourselves who happen to fall into their clutches. We do understand that, in view of the misanthropic psychopaths you have on your editorial board, you need to keep sending them papers, for if they weren't reviewing manuscripts they'd probably be out mugging old ladies or clubbing baby seals to death."

(Baumeister, 1992, p. 915)

"Dear Editors,

Thank you for the rejection of our paper. As you know we receive a great many rejections, and unfortunately it is not possible for us to accept all of them. Your rejection was carefully reviewed by three experts in our laboratory, and based on their opinions we find that it is not possible for us to accept your rejection. By this we do not imply any lack of esteem for you or your journal, and we hope that you will not hesitate to reject our papers in the future.

Yours sincerely,

Professor Hedgehog"

(Mole, 2007, p. 1313)

O sistema de avaliação que é expresso no "*publish or perish*", em que os professores têm requisitos de publicação em periódicos de topo, é altamente estressante. A rejeição dos seus manuscritos significa para muitos acadêmicos que não cumprirão os requisitos e não terão *tenure* (estabilidade no emprego na universidade). Em muitas universidades os professores que falham a *tenure* terão de procurar nova coloca-ção. Recorde como no primeiro parágrafo deste capítulo re-feri a necessidade de desenvolver uma *"thick skin"*, uma pele grossa, em que o desalento e o sentimento de rejeição não se tornam absolutos. O sentimento de frustração pode, assim, tomar conta, como expressa a carta anônima que reproduzo em seguida.

> *"After 11 straight rejections I think I am done. I have been submitting papers to peer-reviewed journals since May 2009 and until today nothing has worked out. My tenure is now in serious danger. The point is that I do not want to fool myself any further, the brutal truth is that I am just not good enough. It is normal to find excuses, to complain about the peer-review system, but probably it is just me.*

> *The reviewers do not know who I am and they are experts; if my papers were truly good some should have been accepted for publication. The reality is that 11 different people, who are professionals, believe that I am not good enough, why should they be wrong? I think it is that more plausible that I am wrong.*

> *I am starting to think that my past has been a lie. The admission to a very prestigious PhD program, the positive remarks of my PhD examiners. I think that I have been probably very lucky until now. Probably I simply met nice people who wrongly believed that I was good, while in fact I am not.*

> *My school career proves my point. I have been a very strange student. Some teachers thought I was very good, some that I was very bad. I experienced getting the highest and the lowest grades. My results had nothing to do with my effort. I have always been very studious. In the past I believed that the teachers who did not value me were fool, maybe I was the fool.*

> *There was a time in which I thought that the system was unfair; I questioned the validity of peer-reviews and of the tenure-track system. Now I am ready to be honest: I was deluding myself. The tenure-track system is just there to make sure that people who seem to be good but cannot deliver, like myself, are kicked out.*

Capítulo 6

I have no alibi. My institution gave me enough time to work on my research. It is true that in my institution I have no one to share my work with, but it is also true that at this stage of my career I should be able to take care of myself.

There is something very very sad about all of this. I am a very hard-working and honest person. I work as hard as I can and put all of myself into what I do. Nonetheless, it is not enough. Getting published is not about how hard you work, it is about how clever and original you are.

I still have 2 years before I am up for tenure and to be honest what scares me the most is my determination and persistence. I know that I am a very strong willed person, but here is the problem: is persistence always a virtue? What if we delude ourselves that we can do something when we just cannot? We can try all our life to walk through a wall, but we will never succeed. I think that may be persistence is sometimes a form of dishonesty. In my case, I feel that I cannot accept being a mediocre scholar and will keep trying to prove others wrong. In the process I will kill myself with work, worries, and anger and then...I may still fail. I am sure you read stories about people who failed countless times but succeeded in the end. But what if it is also true that some people destroy themselves in trying and nothing is achieved? I read many times that failure is the key to success. Is that true? I know very brilliant people in my field who very rarely fail. I know stories of great athletes who knew only victories. Why should struggle be part of success?

My struggle now is to reach the point in which I am truly totally honest. I am not looking to a strategic way to consider my situation, I only want the truth. A part of me still hopes that maybe I am good enough. This part scares me; I feel this part is the voice of my delusion and dishonesty. I feel that this voice is the voice of arrogance, the arrogance of a person who refuses to see his limitation and to say: I am not good."

Fonte: http://morganonscience.com/grantwriting/
the-grant-rejection-letter/

6.6 Notas finais

A rejeição do manuscrito que se submete a um periódico é o resultado mais provável – avaliando tanto a probabilidade como a frequência com que ocorre (Ehara e Takahashi, 2007; Diniz, 2013). No entanto, a rejeição, apesar da subjetividade envolvida no processo de revisão pelos pares (*peer review*), não é um resultado absolutamente aleatório. As falhas nos manuscritos, que tendem a conduzir à rejeição, agrupam-se em redor de alguns fatores mais frequentemente observados. Entre as causas para a rejeição estão uma redação e organização deficientes, falhas na concepção do estudo, falhas metodológicas (de mensuração, nas variáveis, dados insuficientes), especificação insuficiente da questão de pesquisa, ausência de contribuição – teoria e resultados triviais, conclusões não suportadas pelos dados e resultados (Kassirer e Campion, 1994; Byrne, 2000; Fiske e Fogg, 1990; Ehara e Takahashi, 2007).

Em resumo, os autores podem aumentar a probabilidade de ter os seus artigos aceitos para publicação se seguirem alguns cuidados, nomeadamente planejando melhor as suas pesquisas antes de as iniciar, prestando mais cuidado aos métodos, passando mais tempo na revisão do texto e na formulação da contribuição do seu artigo. Conhecer as causas de rejeição, pelo menos as mais frequentes, pode ajudar os autores a melhorar a qualidade dos seus trabalhos e a evitar as inevitáveis frustrações de ter um artigo rejeitado.

7

Resposta aos revisores

Um dos desfechos possíveis da submissão do artigo a um periódico é que o editor (possivelmente com base nos pareceres dos avaliadores) conceda a oportunidade de rever e ressubmeter para nova avaliação. Designamos esta situação por R&R (*revise & resubmit* – ou rever e ressubmeter) para ilustrar que os autores precisam fazer alterações e que o artigo modificado será novamente avaliado. Um dos passos cruciais quando se atinge este resultado é, depois de fazer as alterações no artigo, escrever uma carta a cada um dos revisores (e outra ao editor) explicando circunstanciadamente as alterações feitas. No entanto, a resposta aos revisores, após receber um R&R, é frequentemente menosprezada pelos autores. Embora existam vários artigos e livros sobre o que é teoria, como realizar uma pesquisa, como escrever e até como selecionar o periódico a que irá submeter o seu artigo, há muito menos indicações de como responder a revisores (Williams, 2004; Seibert, 2006). Mas, por ser um dos desfechos mais prováveis de uma submissão receber uma carta do editor, acompanhada pelos pareceres dos revisores detalhando um conjunto de comentários e sugestões que precisam ser atendidos para eventual publicação, é preciso entender como proceder.

Quando é dada ao autor a oportunidade de rever e ressubmeter o seu manuscrito, não significa que após as alterações o manuscrito será aceito. Apenas significa que os revisores farão nova avaliação. Essa é uma etapa crucial, e penso que a probabilidade de aceitação está positivamente relacionada com o cuidado e empenho não apenas em fazer a revisão, mas também em escrever a carta de resposta aos revisores e ao editor.

Quando o editor aponta a necessidade de apenas pequenas alterações, provavelmente será rápido e fácil, e a carta de resposta, igualmente simples. No entanto, muitas vezes a resposta do editor é uma "*major*" ou "*risky*" *revision*. Nesses casos, é provável que haja inúmeras, e talvez difíceis, alterações a fazer no manuscrito. A resposta aos revisores será, nesses casos, igualmente demorada e complexa. Assim, é preciso entender todo o processo e alguns cuidados a ter. Trato desses cuidados neste capítulo.

A experiência de ter um manuscrito a que é dada a possibilidade de revisão não é a mais agradável. Todos desejaríamos que os nossos artigos fossem simplesmente aceitos para publicação. No entanto, em face da elevada taxa de rejeições, obter um R&R é, realisticamente, o desejado, porque muito raramente o manuscrito será aceito sem modificações. Veja o boxe a seguir.

O *Academy of Management Journal*, um dos mais conceituados periódicos acadêmicos, disponibiliza na sua página [http://aom.pace.edu/amjnew/journal_statistics.html] a seguinte estatística:

No período de 1.º de julho de 2004 a 30 de junho de 2005 foram submetidos para eventual publicação 834 novos manuscritos para edições normais (nesse período houve também uma edição especial à qual foram submetidos 84 artigos). Desses,

➤ 28 % foram rejeitados pelo editor (*desk rejections*),

➤ 3 % foram remetidos imediatamente aos autores para edição e posterior ressubmissão (portanto, não foram enviados para *referees*),

➤ 37 % foram rejeitados à primeira volta de revisão pelos *referees*,

Capítulo 7

> 16 % foram remetidos aos autores com indicação de procederem à revisão de acordo com o parecer dos *referees* (*revise & resubmit*),
> 15 % dos artigos ainda estão em revisão pelos *referees*,
> Em suma: taxa de aceitação final (prevista): 8-10 %.

O processo de revisão pelos pares pode ser bastante cruel, e um manuscrito pode receber comentários como "não entendo o que há de novo aqui", "as conclusões não derivam dos resultados e são especulativas", "a escrita é confusa e a organização, deficiente", "o manuscrito não parece ter qualquer contribuição ou novidade". Mas, quando chegamos à etapa de submeter manuscritos para periódicos, é porque já ultrapassamos etapas prévias em que também havia avaliações e de diferentes tipos: na escola os colegas de mestrado ou doutorado, ou os professores, se resultou de um artigo para a disciplina, e dos revisores e participantes em conferências. A avaliação pelos pares é parte do processo normal da publicação científica, e, se é verdade que o pesquisador não tem controle sobre os pareceres dos revisores, tem controle sobre o que lhes responde. Assim, sugiro que pondere cuidadosamente as sugestões neste capítulo para ajudar a superar esta etapa do processo.

7.1 Recebeu um R&R?

Há motivo para satisfação ao receber um R&R. Numa revista de topo em Administração, apenas uma pequena parte dos artigos submetidos tem essa oportunidade. Mas, não descure do empenho para garantir a publicação. A minha sugestão é que avalie muito bem as respostas de cada um dos revisores – usualmente entre dois e três revisores – e anote os principais aspectos focados nas suas avaliações e o que significam em termos de ajustamentos no artigo. Ou seja, planeje antes de começar a fazer as alterações ao artigo sobre, como irá colmatar as lacunas identificadas pelos revisores. Embora possa ser uma

Resposta aos revisores

tarefa morosa, é bastante pior começar logo a fazer alterações para mais à frente perceber que deixou de fora aspectos fundamentais na revisão. Planeje, ponto a ponto, como seguirá as sugestões e como eliminará os "problemas" identificados. Provavelmente você irá identificar aspectos que, segundo Annesley (2011): (1) necessitam de uma clarificação do texto, (2) exigem fazer ou refazer os testes estatísticos, (3) pedem uma melhor análise dos dados ou resultados, (4) "coisas" que talvez o autor não consiga fazer nesse manuscrito. Esses aspectos, no seu conjunto, presidem à sua decisão de fazer as alterações e ressubmeter o manuscrito ao mesmo periódico após alterações, ou desistir e submeter a outro periódico.

Depois de fazer as modificações no manuscrito, você terá de relatar não apenas que fez as modificações, mas como as fez. Certamente, por muito ridículas e até descabidas que as sugestões dos revisores possam parecer, a palavra de ordem é: fazer as modificações sugeridas, ou explicar detalhadamente porque não as faz. Há uma literatura extensa sobre os problemas nesse processo, e alguns autores referem-se ao acolher das sugestões como prostituição (Frey, 2003). Outros questionam a originalidade das ideias que resultam de passar por um processo de *peer review* (Hamermesh, 1994) e a perda de qualidade do manuscrito final publicado (Frey, 2003).

7.2 Escrever as cartas de resposta

Concluído o trabalho de modificação do artigo é preciso escrever dois tipos de cartas. Uma é a carta ao editor, explicando que atendeu às sugestões e o que isso implicou em termos de alterações no manuscrito. Outras são as cartas a cada um dos revisores. Essas são cartas individualizadas – uma carta a cada um dos revisores. Não subestime a importância dessas cartas: elas são a chave para tornar um R&R uma aceitação. Na realidade, em pelo menos alguns casos, é possível que os re-

Capítulo 7

visores fiquem satisfeitos em ler apenas as cartas de resposta e não façam nova avaliação integral do manuscrito. Da minha experiência como autor, como revisor e da leitura de diversos trabalhos sobre o assunto, avanço com algumas sugestões a seguir para escrever as cartas aos revisores.

Agradeça. Ao escrever a carta de resposta, agradeça. Agradeça pelo tempo e esforço despendidos. Agradeça em cada ponto de crítica e de sugestão. Agradeça no final novamente. Ainda que a sua primeira reação tenha sido de desalento ou até de discordância, se quer publicar naquele periódico, com aqueles revisores, é preciso que o seu tom seja apreciativo e não hostil. Afinal, eles efetivamente usaram do seu tempo na avaliação do manuscrito. Certamente terão feito algum erro (inclusive o não ter aceitado imediatamente o seu manuscrito), mas não é na carta de resposta que você vai querer mencionar o ódio visceral que sente por um conjunto de "patetas" que não teve a inteligência de ver o excelente contributo do seu trabalho.

Agradecimento inicial. Uma carta de resposta começa com a identificação do manuscrito e uma nota de agradecimento. Será algo como segue: "Caro revisor, queremos agradecer o cuidado e atenção que nos dispensou na avaliação do nosso manuscrito com o título xxx. Analisamos extensamente cada uma das suas valiosas sugestões e esclarecedoras críticas que nos motivaram a proceder a uma substancial melhoria no manuscrito inicialmente submetido a xxx (nome do periódico). Nesta carta explicaremos como seguimos cada uma e todas as suas inestimáveis sugestões de melhoria. É assim nossa percepção de que a versão que agora ressubmetemos para sua nova análise revela fortes melhorias..."

Agradecimento final. A carta de resposta termina com um agradecimento final. Talvez você possa escrever algo como segue: "Para concluir, queremos novamente agradecer pela atenção e empenho que o revisor colocou na avaliação deste nosso manuscrito. É nossa avaliação que o manuscrito melhorou substancialmente com as modificações efetuadas em resposta às solicitações do revisor. Esperamos ter tratado com cuidado todas as suas sugestões..."

Reproduza cada comentário. Depois de um parágrafo inicial, comece a responder ponto a ponto as sugestões. Assim, primeiro copie cada uma das críticas (o comando de copiar-colar do MsWord ajuda) e destaque-as em negrito ou itálico. Com esse realce você vai distinguir cada comentário do revisor da sua resposta, mostrando como ele foi atendido.

Note que os revisores não vão recordar o que afirmaram na revisão inicial (e provavelmente se passaram alguns meses entre a avaliação original e o momento em que estão lendo a sua carta de resposta), pelo que não é suficiente assinalar com, por exemplo: "comentário 1", "comentário 2" etc. seguido da sua resposta. Você precisa ser bem específico na resposta. Inclusive recomendo que reproduza textualmente novas frases que tenha escrito ou novos parágrafos ou até seções inteiras, mas desde que substancialmente reescritas e sempre chamando a atenção como a reescrita responde ao comentário original do revisor. Em suma, seja explícito ao que vai responder (ou seja, qual o comentário específico do revisor), e a qual é a sua resposta e que alterações fez no texto a este respeito.

Não há um limite à extensão da resposta aos revisores. O seu objetivo deve ser responder a tudo extensa e claramente.

Responda a todos os comentários. Todos os comentários devem ser respondidos, e mesmo aqueles mais simples, como a identificação de erros de digitação, podem ser brevemente comentados, com "correção efetuada". Aliás, mesmo nesses casos continua a ser adequado um agradecimento, pelo que será mais apropriado escrever "correção efetuada. Agradecemos ter notado este erro".

O ônus está do lado do autor. Em alguns casos é possível, e até provável, que um comentário possa parecer que não me-

Capítulo 7

rece resposta porque o revisor obviamente não entendeu. Mas, lembre-se de que está do lado do autor o ônus de clarificar, pelo que mesmo nesses casos é preciso alterar no texto e explicar o porquê das alterações que fez e como estas cobrem a lacuna ou não compreensão identificada. Talvez em casos específicos seja possível mencionar a ausência de qualquer alteração em resposta a um comentário, mas é preciso justificar.

Responda separadamente a cada revisor. Ocasionalmente pode acontecer que os revisores convirjam nas suas avaliações. No entanto, ao escrever a carta, trate cada comentário como único. Não é prática adequada remeter o revisor 2 ou 3 à resposta dada ao revisor 1, até porque os revisores não se conhecem nem têm acesso às avaliações uns dos outros. Ainda assim, importa conhecer os procedimentos de cada periódico porque, por exemplo, algumas publicações, como a *Management Research*, da IberoAmerican Academy of Management, disponibiliza um sistema em que cada revisor pode ver o que os outros disseram e as respostas dadas pelos autores. Mas, é minha convicção que poucos revisores estarão interessados em saber o que outros disseram e apenas lhe interessam as suas sugestões e se foram, e como, atendidas. No entanto, o mais usual, ou pelo menos é essa a minha experiência, é que os revisores tenham opiniões divergentes dos pontos fortes e fracos dos artigos e do que precisa ser melhorado. Uma resposta individualizada é, então, ainda mais necessária.

Como organizar a resposta ao revisor. Pense na resposta ao revisor como uma carta que é individualizada e completa. Começa e termina com um agradecimento, como vimos anteriormente, e deve conter tudo o que foi feito de alterações ao manuscrito na sequência de revisão. Já recebi cartas de autores que organizaram as respostas em tabelas, mas, a não ser que esse seja o formato definido pelo periódico, recomendo que use o formato padrão de texto corrido, em que primeiro se reproduz integralmente cada comentário do revisor e cada comentário é seguido por uma resposta. Assim, não inove na organização da sua resposta.

Diferentes revisores, diferentes pareceres. Efetivamente, a situação mais frequente é que os revisores difiram nas suas avaliações. A minha experiência é que em três revisores haverá sempre um que é menos receptivo ao manuscrito. Na realidade, um é mais receptivo, outro está disposto a ser convencido e outro é mais reticente. O que isso significa é que, além de responder a cada revisor sobre o seu parecer, pode ser necessário incorporar alguma explicação sobre outras alterações que foram introduzidas no manuscrito em resposta às demandas exigidas por outros revisores. Você não precisará ir a grande detalhe, mas deve incluir pelo menos uma nota às alterações mais significativas.

Uma prática pouco sensata é tentar confrontar os revisores mostrando, por exemplo, como diferentes revisores se contradizem em algum aspecto específico – por exemplo, um pede uma alteração nos métodos e outro elogia essa seção, ou um revisor solicita mais detalhe relativamente a uma hipótese enquanto outro sugere eliminar essa hipótese. O que o autor precisa fazer é decidir qual a sugestão que permite melhorar o manuscrito e fazer a alteração, fundamentando-a aos revisores.

O revisor está errado. Os revisores não são detentores de todas as verdades e podem efetivamente enganar-se. Nesses casos você pode desenvolver o seu argumento mostrando a validade do seu manuscrito. Mas, ao fazê-lo, suporte o argumento com referências ou evidências empíricas (Williams, 2004). O objetivo não é mostrar o seu desacordo, mas antes a validade do seu argumento. Será útil pensar por que o revisor se terá enganado. Será que o texto não estava suficientemente claro? Ou que faltou a indicação de alguma fonte? Ou que há a necessidade de clarificar algum conceito? Pondere o porquê do engano.

Empenho e tempo. Usualmente, atender às críticas e sugestões dos revisores é uma tarefa demorada, não algo que se

Capítulo 7

faz leviana e rapidamente. Alguns autores tratam comentários dos revisores como se fosse apenas uma questão de alterar uma ou outra palavra e fazer pequenas alterações em frases. Raramente isso é verdade. As alterações requeridas envolvem reescrever integralmente parágrafos e até seções, alterar o foco conceitual da revisão da literatura, ajustar métodos de análise dos dados, desenvolver a discussão, reestruturar a introdução etc. Ou seja, não são alterações cosméticas, mas reescritas reais e profundas. Assim, não trate as sugestões como tarefa que vai completar em poucas horas num final de dia.

E se não der para modificar... como fazer? Não atender a sugestões dos revisores é perigoso para o futuro do artigo no processo. A regra de ouro da resposta aos revisores é efetivamente fazer as modificações, não basta dizer que foram feitas. E não as fazer deve ser uma exceção muito bem ponderada e argumentada. Mas, infelizmente algum revisor pode pedir alterações impossíveis em face dos dados de que você dispõe ou que não resolvem o problema. Ou seja, algumas alterações não são possíveis. O que fazer nesses casos? Uma solução é desistir do artigo ou ir coletar novos dados. Mas, quando não há qualquer outra solução, você precisa argumentar teoricamente, porque, embora relevante a sugestão, e embora você não tenha dados que permitam fazê-la, não é realmente crucial neste artigo.

Se nada resultar. O seu manuscrito é indubitavelmente uma peça de conhecimento importante, mas você deve estar sempre preparado para a possibilidade de uma notável incompreensão pelos revisores, que o podem rejeitar em qualquer momento da submissão. Estar preparado para a rejeição e planejá-la é uma das chaves da resiliência. Quando selecionar o periódico para o qual vai enviar o manuscrito, escolha mais três, e, assim, se for rejeitado de um já estará preparado para o submeter ao segundo periódico da sua lista, após as modificações sugeridas pelos revisores e editores. Outra das chaves é policiar-se para não buscar a perfeição. Todos os artigos têm limitações e todos podiam ser melhores, mas há um momento em que tem de abrir mão e submeter. (Becker, 1986).

Futuro. Há sempre um elemento de aprendizagem em cada manuscrito submetido e em cada parecer, seja este para revisão ou para rejeição do artigo. Se você não consegue ou não quer fazer as modificações solicitadas, sugiro que, em qualquer caso, analise os pareceres e tente melhorar o manuscrito. Não submeta o manuscrito a outro periódico sem modificações e aproveite as recomendações dos revisores originais. Recorde que falhas graves no manuscrito provavelmente serão, de novo, identificadas por outro conjunto de revisores.

O QUE FAZER SE TIVER UM R&R

> - Ler as cartas de avaliação dos revisores e o parecer do editor.
> - Esperar um pouco e não começar a revisar ou responder sob o efeito de frustração ou desalento.
> - Identificar os pontos que são realmente essenciais na revisão porque esses têm mesmo de ser feitos.
> - Escrever breves notas sobre como responder, e o que alterar no manuscrito, a cada sugestão dos revisores.
> - Fazer as alterações no manuscrito, e dizer ao editor e ao parecerista o que foi feito e onde as alterações surgem no manuscrito. Você precisa explicar detalhadamente o que foi alterado, indicando a página e o parágrafo onde se encontram as alterações e o sentido delas (ou seja, como foram feitas ou por que foram feitas as alterações).
> - Não reproduzir seções inteiras do manuscrito revisado. Você pode reproduzir parágrafos ou frases, mas se uma seção inteira foi completamente alterada é suficiente remeter para a sua leitura e explicar na carta.
> - Na carta de resposta aos revisores, explicar que alterações não foram feitas e por quê, mas evitar não fazer as alterações.
> - Na carta de resposta, usar uma postura construtiva e começar sempre com um agradecimento pela sugestão/comentário.

Capítulo 7

> Não responder em tabelas, exceto se for esse o modelo de resposta do periódico.

> Responder a TODOS os comentários, sugestões e críticas que são feitos. Raramente as revisões são operações de mera cosmética e muitas vezes exigem alterações profundas no manuscrito.

> Antes de submeter o manuscrito revisado e as cartas (cartas separadas ao editor e a cada um dos revisores), faça uma leitura final e analise se as respostas estão completas.

> Respostas extensas e completas são preferíveis a respostas curtas e na forma de tópicos.

7.3 Notas finais

Em suma, nas respostas aos revisores o pesquisador pode "ganhar" ou "perder" a publicação. Ultrapassada a fase de *desk review*, que é realizada pelo editor, o processo fica largamente nas mãos dos revisores e dos autores. Assim, é fundamental que você entenda como organizar a carta de resposta aos revisores, o que incluir e como incluir. Dentre as sugestões que dei, considere especialmente em seguir a ideia de que mais é melhor que menos (Annesley, 2011): mais tempo para pensar como fazer a revisão, mais consideração de como as sugestões dos revisores e do editor podem ajudar a melhorar o artigo, mais detalhe nas respostas escritas que envia, mais humildade e mais agradecimento.

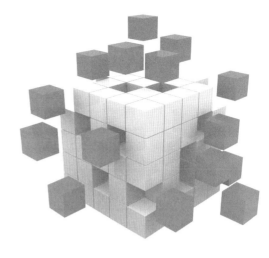

8

Escrita clara: algumas dicas para comunicar melhor

A qualidade da redação da maioria dos artigos seria pobre se observássemos apenas a primeira versão do manuscrito. O esforço de fazer com que tudo tenha sentido, dar coerência às ideias em face dos resultados empíricos, reconhecer toda a literatura e as principais teorias relevantes para o fenômeno em estudo provavelmente levou a que a primeira versão ainda não seja muito mais que exatamente isso: uma primeira versão. Mas, entre a primeira versão do texto até a versão submetida, e depois publicada, há um longo caminho em que o esforço será primordialmente de clarificar e reescrever. É nesse processo de reescrita que o manuscrito ganha forma e clareza. É um trabalho realmente árduo, minucioso e cansativo. Mas, assim, você consegue evitar comentários de revisores como "Não consigo entender qual o propósito deste artigo", "Tive de reler o artigo três vezes para tentar entender", "De que trata este artigo?"

A maioria dos pesquisadores tem dificuldade em escrever. Escrever um artigo envolve múltiplas rodadas de escrita e revisão, de apagar e reescrever e revisar inúmeras vezes o que já foi

Capítulo 8

reescrito. Os dias à volta de um manuscrito podem parecer envolver o pressionar da tecla "delete" mais que qualquer outra. Mas, a qualidade final do artigo depende tanto da qualidade com que as ideias são expressas como do rigor metodológico, da formatação e da redação. O processo pode ser frustrante, mas é um mito pensar que um pesquisador quando tem uma ideia ela já está completamente formatada e é apenas uma questão de vertê-la para o papel e submetê-la a um periódico. Assim, o objetivo neste capítulo é apenas contribuir levemente para alguns cuidados que devemos observar para conseguir um texto claro e correto. A escrita não pode ser vista como uma atividade secundária à pesquisa. É através da escrita que desenvolvemos e disseminamos conhecimento.

Importa que comece aqui notando que há tradições, e que estas mudam muito lentamente, mesmo em presença de pressões externas significativas. Efetivamente, as normas de redação até certo ponto ainda vigentes apontam para inúmeros aspectos que alguns pesquisadores ainda observam, mas que se vão revelando desajustadas para publicação internacional em Administração. Por exemplo, a impessoalidade, a construção de parágrafos, as repetições da mesma palavra, a inclusão de hipóteses na introdução ou na metodologia, a complexidade na utilização de palavras, o uso de voz passiva etc. A minha sugestão aos meus alunos é que em cada caso sigam as normas definidas, sejam as impostas pelos periódicos, sejam as da universidade ou as do professor orientador, mas dou algumas indicações desse novo padrão que está emergindo. Este capítulo, além de questões formais de formatação, foca alguns desses padrões emergentes que sugiro pondere enquanto redige o seu arquivo.

8.1 Escrever com clareza

Escrever de forma clara não é dom inato. Escrever de forma clara exige muito esforço na revisão do manuscrito para conseguir comunicar as ideias com clareza, diretamente, eficaz e eficientemente e com precisão. Isso exige que o autor questione cada palavra, cada frase, cada parágrafo, cada seção que inclui no seu manuscrito. Escrever com clareza também envolve analisar qual o propósito de cada frase e se há uma forma melhor de escrevê-la. Requer analisar cada palavra e ver se é redundante ou se há outra palavra mais simples que pudesse usar. Assim, escrever claramente é simplificar a tarefa do leitor, tornando a sua tarefa de ler e entender mais fácil. O leitor deve conseguir entender qual a mensagem, os conceitos, os principais argumentos sem precisar reler várias vezes todo o texto. Em essência, o melhor escritor é o que escreve para quem lê.

Uma redação clara pode ser elegante sem ser pretensiosa. A "beleza" da redação acadêmica não emerge da utilização de jargão impenetrável, e ainda menos de tentativas de o autor expor toda a sua inteligência e conhecimento. Quanto mais complexa for uma ideia, mais difícil pode ser escrevê-la claramente. O fato é que nem o revisor nem o leitor conseguirão entender construtos e argumentos sobre relações entre construtos se a escrita não for clara. Ou seja, o pesquisador pode até ter uma ideia excepcional, mas se não conseguir comunicá-la com fluidez, coerência e clareza provavelmente ela não será publicada; e, como tal, não será lida.

8.2 Escrever e reescrever

Já foquei várias vezes a importância de um artigo escrito de forma clara, eficaz e eficiente. Trato agora de alguns cuidados mais específicos de escrita que podem ajudar a atingir esse objetivo. Começo por enunciar algumas "dicas" gerais:

1. Quando escreve, lembre-se de que muito provavelmente terá de rever várias vezes o que escreveu. Assim, não se preocupe demasiado em obter logo na versão inicial um texto perfeito. Provavelmente isso não irá acontecer. A mi-

Capítulo 8

nha sugestão é que comece por escrever primeiro a estrutura geral do trabalho (título, resumo, palavras-chave, introdução, revisão da literatura, hipóteses, método, resultados, discussão, conclusão e referências). Em seguida escreva os seus pensamentos, mesmo que um tanto desorganizadamente. Uma grande vantagem dos processadores de texto atuais, em face da antiga máquina de escrever, é que permitem alterar a ordem do texto, apagar e acrescentar sem ter de refazer tudo. Aos poucos, vá compondo o texto na estrutura, apontando o que é realmente importante e quais os pontos essenciais em cada seção. Você pode ir anotando os *insights* e ideias que lhe surgem de outras leituras.

2. Enquanto escreve, utilize um corretor ortográfico para verificar a ortografia e um dicionário de sinônimos.

3. Use e leia livros sobre pesquisa e sobre estilo. Se estiver escrevendo um texto em inglês, pode achar útil consultar livros como *The elements of style*, de Strunk e White, ou *Style: Ten lessons toward clarity and grace*, de Joseph Williams. Note o que dizem sobre o uso de voz ativa, sobre a utilização de indefinidos, sobre o sujeito nas frases etc. Por exemplo, se é um só autor, por que referir-se à primeira pessoa do plural "nós"?

4. Tente ler os melhores artigos nos melhores periódicos. Uma forma de aprender é ler os melhores trabalhos que acabará por usar como referência. Se você se limita a ler artigos publicados em periódicos "menores", é possível que não chegue a reconhecer o que é um bom artigo.

5. Enquanto lê os melhores artigos, não foque apenas o conteúdo conceitual. Olhe para a forma. Analise a forma como escrevem o resumo, a introdução, a formulação das hipóteses e como as argumentam, como descrevem as variáveis etc.

6. Nas suas leituras dos melhores artigos por pesquisadores reconhecidos, preste especial atenção à primeira frase de

cada parágrafo e procure entender como o fluxo do texto segue entre as primeiras frases de cada parágrafo.

7. Um bom artigo tem de ter uma contribuição. Não é fácil escrever a contribuição, pelo que procure analisar como os principais pesquisadores escrevem a contribuição e como a posicionam na literatura.

8. Recorde que tudo precisa de um princípio, um meio e um fim. Essa regra tanto se aplica a todo o artigo como à composição de cada frase e de cada parágrafo. Essa regra implica, por exemplo, que uma frase não pode ser um parágrafo. Um parágrafo precisaria de, pelo menos, três frases, correspondendo a cada uma das fases: princípio, meio e fim. Assim, vamos já definir a regra que um parágrafo, salvo algumas exceções, deve ser constituído por um mínimo de três frases – podem ser mais, mas não devem ser menos. (Embora simplista, esta regra ajudará muito pesquisadores mais novos a construir o seu texto.)

9. Não esqueça que quando se escreve visa-se a uma audiência específica, também de acordo com o periódico em que se vai publicar. Mas, se se pode presumir alguma inteligência dos leitores (afinal não é qualquer um que irá ler artigos científicos), não se pode levar as assunções de entendimento longe demais. É preciso explicar com clareza conceitos, propostas e metodologia. Assim, confirme se os conceitos fundamentais estão definidos no texto. Se forem muito centrais ao artigo pode, inclusive, ser adequado incluir o conceito logo na seção de Introdução.

10. Numa fase inicial da carreira, talvez ainda como estudante de doutorado, procure oportunidades para escrever, apresentar publicamente e publicar. Alguns periódicos têm uma seção para revisão de livros (*book reviews*), então contate o editor responsável e ofereça seus serviços. Também numa fase inicial é importante reconhecer que escre-

Capítulo 8

ver trabalhos conceituais será mais difícil, mas talvez seja relativamente mais fácil escrever revisões de literatura, estudos bibliométricos e cientométricos. Mas, novamente, recomendo que pesquise artigos de boa qualidade em periódicos reputados e analise como esses tipos de artigos são organizados e escritos. Aprende-se a escrever artigos acadêmicos, mas como toda a aprendizagem, exige prática para se conseguir ser proficiente.

11. Procure um colega, um estudante, um orientando que leia a versão final do seu artigo. Procure oportunidades para apresentar o trabalho, sejam conferências ou eventos mais informais, como *workshops* e *brown bag seminars*. Reescreva o artigo usando as sugestões recebidas nestes eventos. Na realidade, sugiro mesmo que busque ativamente por comentários, ideias e sugestões que possam contribuir para melhorar o artigo.

GUIA PARA A REDAÇÃO E REVISÃO

A lista seguinte visa ajudá-lo a eliminar alguns dos problemas mais frequentes na redação de artigos científicos em Administração. Vá analisando cada um destes itens à medida que escreve o seu manuscrito.

Antes de começar a escrever

➤ Abra o MsWord (ou outro software que use), crie um arquivo, grave-o com um nome identificativo, numa pasta especialmente dedicada a esse projeto.

➤ Não tente ler tudo (todos os artigos de que tratam o tema ou tópico) antes de começar a escrever, nem comece a escrever só depois de ter todas as ideias organizadas (é durante a escrita que tudo, inclusive a ideia, ganha coerência).

➤ Nesse novo arquivo, escreva apenas a estrutura base do artigo. Provavelmente começa com o título (escreva-o mesmo que, obviamente, ele possa mudar), o seu nome e endereço, o resumo, a introdução... até as referências. Por agora, apenas crie a estrutura.

Escrita clara: Algumas dicas para comunicar melhor

- Pense bem para quem vai escrever. Ou seja, quem é a sua audiência? Em que tipo de periódicos poderá vir a publicar o artigo? Se souber qual o periódico, vá imediatamente ver o estilo de artigos que publicam nesse periódico, analise a forma, o tipo de escrita, a estrutura. Ajuste a sua forma e o estilo, se necessário.

- Escreva um pequeno parágrafo com o que quer que o leitor entenda como o aspecto mais importante. Usualmente referimo-nos a isso como a contribuição. Este artigo vai contribuir para quê? Essa "contribuição" tem um lugar central no artigo e, possivelmente, acabará por surgir em três momentos do seu artigo: resumo, introdução e discussão.

Enquanto escreve e revê

- Verifique e uniformize a formatação do texto (espaçamentos entre linhas e parágrafos).

- Verifique todos os aspectos de formatação requeridos pelo periódico – margens, tipo e tamanho da letra, espaçamentos, títulos e subtítulos, numerações etc.

- Verifique se a frase líder – a primeira frase – de cada parágrafo está coerente com o conteúdo do parágrafo.

- Verifique se a sequência dos parágrafos é lógica e mantém o fluxo do texto. Evite separar parágrafos apenas porque estão muito longos. E evite juntar apenas porque estão muito curtos. E evite sempre parágrafos de uma só frase.

- Junte à lista de referências todos os trabalhos que cita. Coloque em notas de fim de tabela as fontes de dados que usou.

- Veja se todas as figuras e tabelas têm um número e um título. Certifique-se de que as tabelas são citadas no texto. Uma tabela não pode aparecer como uma surpresa, antes precisa ser citada e explicada no texto. Uma imagem pode valer mais que mil palavras, mas use algumas para explicar a imagem.

- Todos os valores precisam ter uma unidade de medida. Veja inclusive nas figuras se as unidades estão indicadas.

- Na seção de resultados, não apresente resultados para os quais não tem hipóteses. Se precisa mesmo incluir algum resultado adicional, considere criar uma subseção identificativa e explique adequadamente.

- Atenção ao plágio.

- Releia e reveja o texto todo.

Capítulo 8

8.3 Aspectos de redação

Atender à qualidade da redação é condição *sine qua non* para uma escrita clara. Na prática isso só é conseguido com muito esforço e tempo na revisão sucessiva do manuscrito. Nesta seção aponto alguns cuidados que se deve ter.

REVISÃO DO TEXTO

(ao nível das frases e parágrafos)

- Leia cuidadosamente todo o artigo novamente. Quando terminar de ler, recomece a reler e não tenha medo de apagar frases que não têm sentido e parágrafos que fogem ao foco do seu trabalho.

- Verifique a ortografia (os processadores de texto atuais, como o MsWord, têm uma função específica que ajuda a identificar erros). Atente se as palavras escritas corretamente são mesmo as que deseja escrever. Por exemplo, "que" em vez de "quem" – ambas corretamente escritas, mas com significados distintos.

- Verifique a extensão das frases. Se uma frase tem mais de duas-três linhas, veja se a pode alterar e simplificar. Por norma, frases curtas são mais objetivas e diretas que frases longas, além de tornarem a leitura mais fluida e fácil.

- Verifique a coerência dos tempos verbais (presente – passado – futuro).

- Verifique a concordância singular-plural (por exemplo, a empresa são...).

- Verifique a pontuação e não abuse de vírgulas ou ponto e vírgula.

- Mantenha o texto simples e direto e evite palavras desnecessárias (por exemplo, "devido ao fato de" pode ser substituído por "porque").

- Siga a regra: releia e revise, releia e revise. Depois, revise novamente.

8.3.1 A frase líder do parágrafo

Um dos princípios que recomendo aos meus alunos é que organizem o texto em torno de frases líderes. As frases líderes serão as primeiras frases de cada parágrafo. Em essência, as frases líderes devem refletir uma ideia, tópico ou aspecto em estudo e controlam o conteúdo de cada parágrafo. No conjunto, as frases líderes orientam a "história". Assim, sem uma frase líder os parágrafos deambulam, serão confusos e... não comunicarão claramente uma ideia ou argumento.

Cada parágrafo deve começar por uma frase líder que aponta qual o assunto daquele parágrafo. O resto do parágrafo vai suportar, de formas diferentes, a frase líder inicial. Mas, como verificar se as minhas frases são frases líderes? Leia a primeira frase do parágrafo e verifique: o resto do parágrafo trata efetivamente o que aponta a frase líder? Por exemplo, a frase líder anuncia o tópico, mas não o explica. A explicação, as citações e a importância do tópico estarão no corpo do parágrafo.

ANALISAR AS FRASES LÍDERES DE CADA PARÁGRAFO

➤ A frase líder controla o parágrafo? O conteúdo do parágrafo deve ser coerente com a frase líder. Talvez a frase líder precise ser reescrita? Ou o parágrafo está mudando para outra ideia?

➤ A frase líder anuncia, ou explicita, um tópico relevante para o meu argumento? Cada parágrafo deve explorar apenas UMA ideia.

➤ A frase líder tem mais de uma ideia? Se sim, repensar a ideia, dividir em novos parágrafos ou, simplesmente, reescrever.

➤ Como essa frase líder ajuda no meu argumento?

➤ O assunto da frase líder é relevante para o meu trabalho? O leitor vai entender?

Capítulo 8

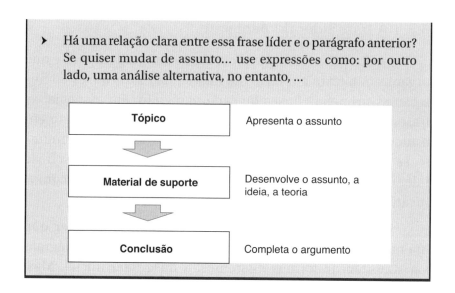

> Há uma relação clara entre essa frase líder e o parágrafo anterior? Se quiser mudar de assunto... use expressões como: por outro lado, uma análise alternativa, no entanto, ...

É importante entender o que significa esse modelo de construção da "história" do artigo usando frases líderes. Analisemos dois exemplos:

(frase líder) "De acordo com Ferreira (2005), as empresas que realizam aquisições internacionais..." O que o leitor espera ler no resto do parágrafo? Note que ao começar com uma referência colocamos ênfase no trabalho citado. Assim, provavelmente esperamos ver, no resto do parágrafo, explicações ou detalhes sobre o estudo de Ferreira (2005) ou como é importante o que Ferreira (2005) analisou. Em qualquer caso, há uma centralidade relativa do trabalho citado.

(frase líder) As empresas que realizam aquisições internacionais... (Ferreira, 2005). Nessa frase líder o foco já foge do trabalho de Ferreira (2005) para a ideia central sobre as aquisições internacionais.

Esses exemplos permitem mostrar que a forma como escrevemos a frase líder gera diferentes expectativas no leitor sobre o que ele espera ler em seguida; ou seja, sobre o conteúdo do parágrafo.

8.3.2 Os parágrafos

Um texto é construído numa sequência de parágrafos. O parágrafo pode, assim, ser pensado como a unidade basilar na construção do texto. E, se pensarmos que cada parágrafo contém uma "ideia", um conceito ou um argumento, então o texto fluirá numa sequência organizada de ideias e argumentos.

EXERCÍCIO: A CONSTRUÇÃO DE PARÁGRAFOS

Aos professores sugiro uma pequena atividade com os estudantes.

Objetivos: (1) entender o que é um parágrafo, (2) a importância de estruturar um parágrafo, entendendo o que cabe dentro de cada parágrafo e sua sequência ao longo do texto.

Duração: o conjunto das atividades seguintes tem a duração aproximada de 1 hora.

Aplicação:

Atividade 1 – formar grupos de três alunos e pedir-lhes que pensem e anotem (em tópicos) por que um texto tem parágrafos. (10 minutos)

Atividade 2 – findo o tempo, reunir em turma e perguntar a cada grupo quais os aspectos que assinalaram. Escrever no quadro e debater brevemente. (5-10 minutos, ajustável ao tamanho da turma)

Atividade 3 – formar grupos de três alunos (podem ser os mesmos grupos), dar um texto aos alunos, mas antes retirar todas as formatações do texto. Assim, receberão apenas um texto "corrido", sem parágrafos. Esse texto pode ter três ou quatro páginas.

A atividade consiste em eles próprios colocarem os parágrafos no texto. (duração 15-20 minutos)

Atividade 4 – findo o tempo, reunir em turma e projetar o texto no quadro-branco, assinalando onde eles colocariam os parágrafos. Discutir à medida que a atividade progride. Debater por que colocariam quebras de parágrafos em locais diferentes.

Concluir com discussão sobre o que são parágrafos e dar-lhes o texto original com os parágrafos colocados.

Fechamento: discutir o que são parágrafos e a importância de expor coerentemente uma ideia.

Capítulo 8

8.3.3 Uso de voz ativa

Os estudantes têm uma forte tendência para escrever num sujeito indefinido. Assim, frases como "fez-se um estudo...", "organizou-se um questionário para aferir...", "foi elaborado um mapa..." etc. são muito frequentes, mas pouco elegantes se queremos usar a voz ativa. Embora muitos pesquisadores continuem a escrever na forma passiva e com sujeito indefinido, a verdade é que o texto se torna mais fácil de ler, e quando escrevemos em inglês devemos "pessoalizar" e usar a voz ativa. Assim, sugiro que, sempre que possível, prefira usar a voz ativa na construção das frases. Note que ao longo deste texto me refiro a mim (o autor) e não a um ente indefinido e desconhecido. A voz ativa torna mais simples ao leitor entender quem fez o quê. Por exemplo, usando a voz ativa escreveríamos "... fizemos um estudo..." ou simplesmente "... estudamos...", ou "... elaboramos um questionário para...".

A vantagem de usar a voz ativa é particularmente notória quando o texto conjuga o trabalho e as ideias do próprio do autor com trabalhos de outros. Nessas situações o uso da voz passiva chega a tornar incompreensível quem fez o quê, ou quem diz o quê.

Por outro lado, note que tornar o texto na voz ativa tem vantagens na própria clareza do texto, como o exemplo seguinte evidencia:

Voz passiva (menos desejável): foi determinado que dois itens poderiam ser excluídos do questionário original.

Voz ativa (melhor): Li e Ferreira (2008) determinaram que dois itens poderiam ser excluídos do questionário original.

A diferença entre voz ativa e passiva, e o uso de uma ou outra, não tem a ver com estar ou não correto, mas com a elegância relativa e a facilidade de leitura. Na voz passiva poderíamos ter frases como: "A bola foi corrida atrás pelo cão", quando é bem mais fácil entender que "O cão correu atrás da bola".

Mas, mesmo quando o autor pode pensar que está sendo claro quanto ao sujeito, isso nem sempre acontece, como no exemplo seguinte. A dúvida que pode surgir neste exemplo é quem é o sujeito. Ou seja, quem são "os autores", os deste estudo ou os de outro estudo referido anteriormente?

> Os autores desenvolveram três novos itens para avaliar... (quais autores?).

> Desenvolvemos três novos itens para avaliar... (está claro quem são os autores!).

Além destes cuidados, é importante não dar vida a coisas que não a têm. Por exemplo, os modelos, as empresas, os estudos, as teorias, os artigos, os livros, as respostas, as figuras, as tabelas são inanimados e não têm vida. Por isso, recorde que é o investigador que mede ou avalia, e não o estudo, as tabelas ou as figuras. Os artigos ou os livros podem ilustrar ou mostrar, mas não podem examinar, empregar, medir, encontrar, interpretar, sugerir, propor, dizer etc. Chama-se a isso evitar o antropomorfismo.

EXERCÍCIOS: VOZ ATIVA E VOZ PASSIVA

Neste exercício, altere a frase de voz passiva para voz ativa. Escreva a sua resposta no espaço em branco.

1. Uma peça de plástico do brinquedo foi engolida pela criança.

_____

2. O nosso cão fica assustado em dias de forte tempestade.

_____

3. O estabelecimento foi mantido aberto até as 23 h por trabalhadores cansados.

_____

4. Novos detergentes são fabricados todos os anos por empresas.

_____

Capítulo 8

> *Sugestão*: note as duas frases seguintes: (A) O cão mordeu a bola, (B) A bola foi mordida. Na frase A podemos perguntar o que, ou quem mordeu. A resposta é: o sujeito que está identificado na frase: o cão. Ou seja, temos um sujeito que faz uma ação sobre um objeto. Esta é uma frase na voz ativa.
> Na frase B, vemos que o sujeito é a bola. O que a bola faz? Nada. Então quem, ou o que está desempenhando a ação? Temos de alterar a frase B para "A bola foi mordida pelo cão". Parece que o sujeito é passivo, situação em que designamos por voz passiva.
> Note, ainda, como as frases na voz passiva tendem a ser mais longas (20-40 %) e a utilizar expressões indefinidas. Por exemplo:
> O avião foi pilotado até Guarulhos pelo piloto. (passiva)
> O piloto voou até Guarulhos. (ativa)

8.3.4 Frases curtas

A minha sugestão é procurar ser claro, direto e explícito na redação do artigo. Construir frases curtas, com sujeito, predicado e objeto, ajuda não apenas o autor a escrever o texto, não se perdendo nas suas próprias ideias, mas também ajuda o leitor a entender. A tendência normal é que em frases longas as ideias surjam confusas e misturadas, e o leitor perca o foco de quem é o sujeito e de qual o argumento. Assim, leia cada frase e veja se a ideia está clara e se se entende por que a escreveu. Se vir que uma frase é longa, provavelmente é porque tem ideias misturadas ou está escrita de forma deficiente. Simplifique a frase escrevendo a ideia da maneira mais direta e simples que conseguir.

8.3.5 Os tempos verbais

A utilização de tempos verbais também merece a nossa atenção. Primeiro, cada seção do artigo pode usar mais um ou outro tempo verbal. Por exemplo, é provável que na seção de 'Revisão de literatura' se utilize mais um tempo passado porque está revendo trabalhos que já foram escritos e publicados. Também pode usar o tempo presente quando se refere a uma dada obra, mas isso implica que está assumindo de algum modo uma intemporalidade do trabalho e ideias do autor. Também na seção de 'Método' você utilizará um tempo passado porque nessa seção está descrevendo os procedimentos metodológicos que seguiu. O presente pode aparecer mais nas seções de 'Desenvolvimento conceitual e hipóteses' e 'Discussão'.

Segundo, em manuscritos que não foram suficientemente revisados é comum surgirem incongruências nos tempos verbais, misturando-se presente, passado e futuro. Ainda que a prosa não tenha um normativo absolutamente rígido, evite misturar tempos verbais. Note como a frase seguinte mistura inadequadamente tempos verbais, inclusive dificultando entendê-la: "Neste capítulo, <u>descreverei</u> o que acontece quando <u>escrevemos</u> mal. <u>Examinei</u> alguns erros comuns na escrita e <u>determino</u> o que devemos fazer."

Terceiro aspecto a atentar no uso dos tempos verbais é a elegância relativa que proporciona à leitura. Por exemplo, o texto fica melhor, e mais "forte", com o emprego do tempo verbal presente do que do tempo futuro. Por exemplo, usando o futuro, você escreveria "Neste artigo mostraremos como...", enquanto se usar o presente vai escrever "Neste artigo mostramos como".

8.3.6 Consistência na terminologia

O uso consistente da terminologia simplifica a leitura de um artigo. A esse respeito, e contrariando alguma aprendizagem do ensino fundamental, recomendo que não se apegue a variações na terminologia por questões de mera estética. As-

Capítulo 8

sim, se alterar a terminologia, garanta que é por um bom motivo e que o leitor entende. Por exemplo, se designa por 'empresa', use sempre a designação 'empresa', não varie ao longo do manuscrito para organização, entidade, agente, firma, corporação, agente econômico, instituição etc.

8.3.7 Evite qualificar

É comum os estudantes usarem qualificativos que além de incorretos podem ser bastante confusos. Alguns exemplos comuns incluem o uso de palavras como: muito, melhor, excelente, facilmente, realmente, na verdade, mais rápido etc. Os qualificativos podem ser incorretos quando você compara, por exemplo, os seus resultados com os resultados de outro estudo. Você não deve afirmar que os seus resultados são "melhores". O que significaria melhor nesse contexto? Também deve evitar qualificar quando cita estudos existentes, tal como no exemplo, "... no excelente estudo seminal de Coase (1937)...".

8.3.8 Pontuação

A pontuação ao longo do texto tanto pode trazer clareza ao texto como, pelo contrário, criar dificuldades adicionais. Uma das características da escrita em português (não pelas características da língua, mas sim pelo uso) é o abuso de vírgulas. Parte da dificuldade é que as frases tendem a ser muito longas e complexas. Se escrever com frases mais simples, curtas e diretas, também sentirá menor necessidade de usar vírgulas.

Pontuação nos títulos. Nos títulos não usamos ponto final, mas podemos usar vírgulas, dois-pontos, ponto de interrogação ou exclamação.

Vírgula. Não se usa a vírgula entre o sujeito e o predicado, e entre o verbo e os seus complementos diretos ou indiretos.

Na leitura, a vírgula indica uma pequena pausa e uma ligeira inflexão na elevação de voz. O uso da vírgula é, talvez, a principal dificuldade na pontuação, pelo que recomendo que pesquise e analise as regras de uso.

Usa-se vírgula para separar os membros de uma frase que não sejam ligados por conjunção. Por exemplo: saber comunicar eficazmente é, efetivamente, importante.

Antes do relativo *que* apenas se usa vírgula se ele introduz uma oração explicativa. Note o exemplo: já analisamos a estrutura de um artigo, *que* precisamos seguir para publicar.

Mas atenção, não se usa a vírgula entre o sujeito e o predicado, nem entre o verbo e os seus complementos, diretos ou indiretos.

Ponto e vírgula. O ponto e vírgula liga duas frases que estão relacionadas e a segunda frase está completa. Ou seja, o ponto e vírgula separa orações coordenadas. Por exemplo, na frase "O professor explicava algumas regras de escrita; o estudante ouvia atentamente", o uso de ponto e vírgula implica uma ligação entre a explicação do professor e a atenção do estudante.

Mas, quando a segunda parte da frase é apenas um fragmento, possivelmente será mais recomendável usar um travessão (–). Por exemplo, na frase "O estudante queria saber escrever bem; e ser bom professor" não é adequado usar ponto e vírgula. Talvez possa usar o travessão, mas a melhor solução pode ser reescrever a frase e dividir a frase em duas frases independentes.

Dois-pontos. Indicam que o que se segue expande ou explica o que precede: esta frase é um exemplo. Às vezes pode ser substituído por um travessão (–). Os três usos mais comuns de dois pontos incluem situações em que se segue uma enumeração, ou listagem. Note o exemplo a seguir:

Capítulo 8

Ao ler este livro estou aprendendo a comunicar melhor: conhecer a estrutura de um artigo, saber construir parágrafos, entender o papel das frases líderes, conhecer as regras básicas de pontuação etc.

São usados em situações em que se segue uma citação, como no exemplo seguinte.

Segundo Ferreira (2014, p. 2): "escrever bem tem muito mais de transpiração que de inspiração ou de dons inatos".

E, também, em situações em que uma frase começa por uma enumeração, mas nesses casos podemos considerar o uso da vírgula.

O esforço, a revisão atenta do texto, o cuidado na pontuação: são os segredos para conseguir um texto claro. (Repare que a frase pode ser reescrita usando a vírgula.)

Parênteses. Os parênteses são usados para separar palavras ou frases que, embora dispensáveis, dão explicação ou esclarecimento adicional. Em muitos casos podem ser substituídos por vírgulas.

Os recursos humanos da empresa (considerados os seus principais ativos) necessitam ser avaliados.

Aspas duplas. As aspas duplas são usadas para citações ou transcrições.

8.3.9 Singular e plural

Um erro que observo frequentemente prende-se à concordância do singular e do plural. Recomendo que ao revisar o texto procure identificar se utiliza consistentemente o singular ou o plural. Usualmente isso ocorre apenas por distração, mas, idealmente, pelo menos ao longo de cada parágrafo, você deve usar o mesmo sujeito. Assim, se começa o parágrafo falando de

Escrita clara: Algumas dicas para comunicar melhor

empresas (plural), não mude, durante o parágrafo, para empresa (singular). Mantenha a uniformidade.

8.3.10 Citações

Na redação de um trabalho acadêmico é impossível fugir a citações. Embora existam variações na forma como fazer uma citação, o cuidado fundamental a ter é sempre o mesmo: o reconhecimento de que o pensamento, o resultado, a ideia, as conclusões ou a frase não são trabalho original do autor, sendo ao(s) verdadeiro(s) autor(es) concedido o merecido crédito. Assim, as citações referem-se às identificações de outros estudos que o pesquisador utiliza para sustentar os seus próprios argumentos. E o pesquisador pode usar citações para diversos fins: em alguns casos para proporcionar suporte ao seu próprio argumento, em outros casos para avaliar o estado de desenvolvimento de uma teoria ou área de estudo e, ainda, em outros, para contrastar os seus resultados ou argumentos com os de trabalhos existentes. Seja qual for o caso, o trabalho científico exige que se reconheça a existência de outros trabalhos.

Há dois tipos principais de citações: aquelas em que se utilizam as ideias de outro autor, mesmo que não sob a sua forma original - isto é, mesmo usando outras palavras, ou parafraseando, e aquelas em que se faz a reprodução integral de um excerto de texto. A primeira apenas requer a identificação da obra citada no corpo do texto: deve ser identificada a obra entre parênteses, o que geralmente se faz indicando o(s) nome(s) do(s) autor(es) e a data de publicação da obra, por exemplo: (Ferreira, Lopes e Esperança, 2002). O leitor pode saber qual a obra a que se refere consultando a lista de referências no final do artigo. De forma idêntica, se precisar fazer referência a várias obras sobre o mesmo assunto, basta incluir identificação dessas obras dentro de parênteses, por exemplo: (Ferreira et al., 2002; Pinto, 2005; Serra e Ferreira, 2008). Note que ao citar

Capítulo 8

várias obras é conveniente ordená-las. Há duas alternativas: ou ordena os trabalhos cronologicamente pelo ano de publicação, ou alfabeticamente, pelo último nome dos autores.

O segundo tipo de citação requer a identificação adicional do número da página da qual se retira um excerto de texto: nesse caso o estudante pode indicar o número da página de vários modos, sendo os principais escrever 'pág.#', 'p. #' ou apenas ': #', como nos exemplos seguintes:

> ➤ escrevendo 'p' – (Ferreira, Lopes e Esperança, 2002, p. 128)

> ➤ escrevendo 'pág.' – (Ferreira, Lopes e Esperança, 2002, pág. 128)

> ➤ utilizando ':' – (Ferreira, Lopes e Esperança, 2002: 128).

É, ainda, de referir que as citações diretas – isto é, aquelas que envolvem a reprodução de um excerto de texto – devem ser assinaladas com aspas (") no início e no fim da transcrição.

Enquanto transcrições relativamente breves devem ser incluídas no texto, as transcrições mais longas precisam ser claramente destacadas, por exemplo, num parágrafo isolado, de modo a que se distingam claramente no texto. Nesses casos você pode utilizar um tamanho de letra um pouco menor, assinalar em itálico, ou usar um espaçamento entre linhas um pouco menor. Sugiro verificar qual a formatação requerida pelo periódico para estes casos.

Apesar de não haver nada de errado na utilização de citações longas, não é recomendável abusar para não parecer que o seu artigo é uma cópia de outro trabalho. Assim, quando possível, procure adaptar o texto e parafraseá-lo usando palavras suas, mas sempre reconhecendo a fonte das ideias (ver Capítulo 9 sobre plágio).

Como proceder com citações integrais de excertos em língua estrangeira? Idealmente, se você escreve um artigo em português e precisa usar um excerto de um artigo em inglês,

Escrita clara: Algumas dicas para comunicar melhor

recomendo que faça a tradução correta do texto, mas sempre reconhecendo o texto original (nomes dos autores, ano de publicação e página da qual o excerto foi retirado) e assinalando que é uma tradução – para o que pode, por exemplo, adicionar no final do excerto traduzido '(tradução nossa)'.

Se citar obras do(s) mesmo(s) autor(es) publicadas no mesmo ano, é fundamental distinguir as obras, o que é feito com recurso às letras 'a', 'b', 'c',..., em seguida ao ano de publicação (na lista de referências essas letras mantêm-se), como se segue: (Ferreira, 2009a, 2009b), ou simplesmente (Ferreira, 2009a,b). O objetivo é sempre a identificação clara da obra.

Que nomes incluir quando há vários autores num mesmo trabalho? A regra é simples: se um trabalho tem apenas dois autores, a citação inclui sempre os nomes de ambos os autores. Se o trabalho tem mais de dois autores, deve-se indicar o nome de cada um dos autores apenas a primeira vez em que é citado, e nas citações subsequentes apenas o do primeiro autor seguido da expressão 'et al.' (abreviatura da expressão latina "*et alli*", que significa "e outros"). Por exemplo: Armagan, Ferreira, Bonner e Okhuysen (2006) na primeira citação e Armagan et al. (2006) nas citações seguintes. Em ocasiões raras, em Administração o texto poderá ter sete ou mais autores. Nesses casos você poderá utilizar a designação 'et al.' logo na primeira citação. Note que em qualquer caso a lista bibliográfica deve conter os nomes de todos os autores, independentemente do número de autores do trabalho citado. Ou seja, a lista de referências não deve indicar 'et al.' em caso algum. (Recorde a seção relativa a referências no Capítulo 3.)

E quando não há um autor identificado que possamos citar? Em Administração esses casos podem ocorrer mais comumente quando são citados dados divulgados nos meios de comunicação (jornais). Nessas situações o correto é referenciar a publicação, indicando o ano e data de publicação (preferencialmente também a página). Por exemplo: "Os analistas

Capítulo 8

preveem uma diminuição de 3 % no desemprego durante o período de julho de 2006 a julho de 2007 (Folha de São Paulo, 14/04/2005, pág. 13)" (este é um exemplo apenas, não existe essa notícia).

8.3.11 Linguagem sexista

Os problemas da linguagem sexista se colocam mais na escrita em inglês. Mas, os tempos modernos vão exigindo alguma adaptação na nossa linguagem. A regra é tentar evitar linguagem que possa ser entendida como sexista, discriminatória ou que menospreze minorias de quaisquer tipos. Note como é comum escrevermos 'o gestor', 'o médico', 'o professor', 'o trabalhador' etc. Embora seja difícil evitar, porque são usos comuns, a utilização de pronomes no plural parece minimizar eventuais conotações não pretendidas. Por exemplo, podemos alterar de 'o gestor' para 'gestores'. Utilize-se do seu bom senso para analisar os ajustamentos que pode fazer ao texto para evitar linguagem que possa ser entendida como sexista.

8.3.12 Simplifique

Simplificar o texto não é sinônimo de torná-lo simplista. É comunicar mais claramente, de forma direta, com palavras claras, sem indefinidos. Mas, simplificar um texto não é tarefa fácil e exige um espírito de autocrítica e capacidade de sintetizar no que é essencial. Note o exemplo seguinte:

(texto original) A maioria dos pesquisadores considera que saber escrever de forma clara é uma competência de difícil desenvolvimento. No entanto, é frequentemente assumido que as questões estéticas se sobrepõem e que há na língua e cultura nacional práticas de uso e um normativo específico que conhecem e que é mais correto utilizar. Adicionalmente, os pesquisadores consideram que mais importante que a escrita e forma do artigo são as ideias e a correta aplicação de meto-dologias. Assim, tendem a descurar o construir de uma escrita clara e um conjunto de aspectos normativos nos seus artigos, dificultando a publicação dos seus artigos.

(texto simplificado) Muitos pesquisadores têm dificuldade em publicar os artigos porque não adotam as normas de escrita clara e descuidam da formatação dos seus artigos.

Esse é um exemplo bem simples, mas o fundamental é escrutinar o texto para identificar o que efetivamente quer dizer e escrevê-lo claramente.

8.4 Aspectos de formatação

Vale salientar, novamente, que cada periódico e universi-dade têm normas que seguem. Assim, o primeiro conselho é que siga esse normativo quando escreve a sua dissertação ou tese, e, para artigo a submeter a periódico, analise as normas, formate e organize o artigo de acordo com essas normas. Em todo caso, apresento aqui alguns cuidados a ter na formatação. Mais do que a forma específica que apresento, que difere entre periódicos, a consistência e a clareza são cruciais.

8.4.1 Extensão, espaçamentos e tipo de letra

Embora as dissertações e teses não tenham usualmente extensão máxima definida, o mesmo não acontece com os ar-tigos submetidos a periódicos. Quando os periódicos indicam uma extensão máxima, esses limites tendem a não ser muito flexíveis. Ultrapassar os limites do número de palavras, ou pá-ginas, é um motivo para a rejeição imediata em *desk review*. Por exemplo, o *Journal of Business Research* define uma extensão máxima de 8.000 palavras, tudo incluído. A *Brazilian Adminis-tration Review* define nas normas de submissão uma extensão

Capítulo 8

máxima de 32 páginas (http://www.anpad.org.br/diversos/bar/Submission_Manual_BAR_2014.pdf). Mesmo quando não há uma extensão máxima definida, há uma avaliação de *length to contribution ratio*, ou seja, uma avaliação da extensão em relação à contribuição.

Em qualquer tipo de trabalho há normas para as entrelinhas. Note que esse espaçamento pode variar de simples a duplo, e é comum os periódicos internacionais usarem espaçamento duplo. No Brasil alguns periódicos usam espaçamento simples e outros usam 1,5. Verifique as normas do periódico antes de submeter o artigo. Há uma regra mais comumente usada nos artigos: não se usam linhas em branco para dividir seções e subseções.

Também o tipo e o tamanho da letra são regulados. Atente que o mais comum é usar letra tamanho 12. Esse tamanho é para ser usado em todo o texto, com a exceção apenas de notas e fontes de tabelas e figuras.

Se você submete o artigo a um periódico norte-americano, pode querer selecionar o tamanho de papel e, em vez do usual A4, usar o *letter* (no MsWord vá para "configurar página" e altere para o tamanho desejado).

8.4.2 Inclusão de tabelas e figuras

Apenas refiro aqui tabelas e figuras, embora existam outros formatos como imagens, gráficos, quadros etc. Na notação internacional é menos frequente fazer distinções para além de figuras e tabelas. Assumo aqui uma simplificação: uma tabela é composta por linhas e colunas, pelo que designo as demais representações gráficas por figuras. As figuras são outros tipos de ilustrações que não tabelas. Um gráfico, um modelo, um esquema podem ser apresentados sob a forma de 'Figura'.

Escrita clara: Algumas dicas para comunicar melhor

As tabelas e as figuras podem melhorar a capacidade do leitor de entender a informação transmitida no artigo. Assim, a primeira regra a atender é que as figuras e as tabelas não devem duplicar o texto escrito; antes o texto e os suportes gráficos devem complementar-se e as figuras e tabelas ajudam a clarificar o texto, eventualmente proporcionando detalhe adicional. Assim, a inserção de tabelas ou figuras não deve surgir ao longo do texto como uma surpresa, o que significa que você precisa apresentar e analisar, mesmo que brevemente, cada um desses elementos.

> Como regra, não abuse do uso de tabelas/figuras. As tabelas/figuras devem ser usadas quando os dados podem ser apresentados de forma mais econômica nesse formato do que no formato narrativo.

Quanto à formatação de tabelas e figuras, a boa regra é evitar ruído e procurar aumentar sempre a legibilidade dos suportes gráficos. As cores, os sombreados, as linhas podem ser ruídos. Além disso, seja absolutamente consistente na formatação. Por exemplo, se usar só uma linha para demarcar as margens superior e inferior da tabela, adote o mesmo procedimento em todas as tabelas. Uma boa figura ou tabela não é aquela que é mais colorida nem a mais difícil de entender. Os periódicos raramente imprimem em cores, e raramente o leitor imprime os artigos em cores em sua casa ou no escritório. Assim, se o entendimento da figura depender das cores, é provável que o leitor não entenda. Desse modo, desaconselho incluir cores, seja nas figuras, tabelas ou qualquer outra seção. Adicionalmente, o leitor quer entender rapidamente os dados expressos nas tabelas e figuras, não estando disposto a um esforço extraordinário. Portanto, evite colorações, sombreados e "efeitos especiais". Mantenha as figuras simples e claras!

Capítulo 8

Todas as tabelas e figuras devem sempre ter um número e um título. A numeração deve ser sequencial ao longo do texto. Por exemplo:

Figura 2. Investimento estrangeiro direto brasileiro em 2012

[colocar a figura]

Fonte: Dados de World Investment Report 2013.

Quando as tabelas/figuras são apresentadas no fim do manuscrito, você deve incluir uma indicação no local apropriado, como se segue:

Inserir Figura 2 aqui

Ou pode usar outros formatos, como: [Inserir aqui a Figura 2].

Algumas tabelas podem requerer a indicação de notas suplementares. Essas notas tanto podem ser a fonte dos dados (inclua a fonte no final da tabela/figura, com letra menor, por exemplo, corpo 10), como notas explicativas da tabela que clarificam as designações das colunas ou das linhas, o conteúdo de itens específicos, fontes de valores etc. Em qualquer dos casos as notas podem ser indicadas por sobrescritos ([1,2,3]) ([a,b,c]).

Nas tabelas de resultados de testes estatísticos o autor poderá querer incluir, por exemplo, uma indicação dos níveis de significância. Essas indicações em específico requerem o uso de asteriscos (*). Por exemplo: * $p < 0,05$, ** $p < 0,01$ e *** $p < 0,001$. É corrente utilizar o símbolo (†) para níveis de significância de $p < 0,10$. Note que essas são convenções, de forma que necessitam ser sempre ajustadas aos normativos específicos.

Há ainda alguns cuidados adicionais a ter com as tabelas. O pesquisador pode ser levado a "espremer" tabelas grandes numa página. Quase invariavelmente isso faz com que diminua o tamanho da letra para corpo 6, ou menos. As tabelas tornam-se impossíveis de ler e absolutamente impenetráveis. Será melhor, nesses casos, dividir a tabela e usar mais de uma página. Mas, sugiro que para tabelas demasiadamente grandes, e antes de tentar "espremer", analise as linhas e colunas e selecione apenas o que é efetivamente relevante. Talvez você possa eliminar algumas colunas, diminuir o número de casas decimais utilizadas (use apenas duas casas decimais), ou mesmo dividir a tabela em duas ou três (ou mais) e utilizar várias páginas para expor o seu material.

8.4.3 Títulos e subtítulos

Um dos aspectos formais na formatação do manuscrito refere-se à indicação de título e subtítulos. Antes de submeter ao periódico, ou de formatar a sua dissertação ou tese, verifique as normas explicitadas.

É comum que os títulos – usados para designar as principais partes de um artigo ou capítulos de teses – sejam apresentados em letras maiúsculas, em negrito e centrados no texto. Por exemplo:

REVISÃO DA LITERATURA

Os subtítulos são destacados apenas com negrito, mas em letra normal, alinhados à esquerda e, em certas normas, com as principais palavras com a letra inicial em maiúsculas. Por exemplo:

Aquisições de Empresas no Brasil

Subtítulos de segunda ordem podem começar no parágrafo, com indentação normal, em negrito e com apenas a primeira palavra com a inicial em maiúscula, como se segue:

Capítulo 8

Variáveis independentes. As variáveis independentes incluem...

8.4.4 As notas de rodapé e de fim

Em Administração as notas de rodapé e de fim são raras e desaconselhadas. A regra é simples: ou o texto é relevante e coloca-se no corpo do artigo, ou não é suficientemente relevante, pelo que pode ser eliminada. As notas de rodapé não servem para incluir referências (há uma seção para referências). No mínimo sugiro que reduza o uso dessas notas.

As notas de rodapé não precisam ser usadas para discussões ou informações complementares. Se for realmente importante incluir essas informações, você deve inseri-las no corpo do artigo. Também não servem para fontes de dados e informações – podem ser indicadas no texto, como qualquer outra citação, e incluídas na lista de referências no final do artigo.

Em alguns casos há uma nota de rodapé, não numerada, logo no início, ou no final, do artigo, para reconhecer a contribuição de outros pesquisadores ou o apoio financeiro de uma agência de fomento. Muitas revistas têm um campo para que o autor faça esse reconhecimento no momento da submissão ao periódico: esse campo habitualmente tem o nome de *acknowledgments*.

8.4.5 Abreviaturas

O uso de abreviaturas não é um problema frequente, mas, ainda assim, merece breve menção. As abreviaturas devem, por norma, ser evitadas. Em particular devem ser evitadas quando se referem a conceitos ou nomes de variáveis. Por quê? Porque tornam o texto mais difícil de ler. E, nos casos em que sejam usadas abreviaturas, é importante que isso seja feito consistentemente ao longo de todo o texto. Por exemplo, se abreviarmos a designação 'empresas multinacionais' para EMNs, então devemos usar sempre a abreviatura 'EMNs' (exceto na primeira vez em que aparecer no texto – caso em que deve ser escrita por extenso e entre parênteses a abreviatura: empresas multinacionais (EMNs).

Uma exceção à regra de não usar abreviaturas é no nome de organizações internacionais bem conhecidas, mas mesmo nesses casos a sua primeira ocorrência deve indicar o nome por extenso e entre parênteses a abreviatura. Por exemplo: Organização Mundial do Comércio (OMC), Fundo Monetário Internacional (FMI), Organização das Nações Unidas (ONU), União Europeia (UE) etc. Também os nomes de alguns softwares podem ser abreviados. Por exemplo, em vez de se referir ao Statistical Package for Social Sciences, você pode dizer simplesmente SPSS, mas mesmo nesses casos é melhor indicar o nome por extenso na primeira vez.

8.4.6 Fórmulas

O uso de linguagem matemática ou estatística também está sujeito a normas. Note que, geralmente, não é conveniente escrever em linguagem matemática no corpo do texto. Por exemplo, em vez de se referir à interação entre x e y, talvez seja mais adequado escrever como x modera a relação entre z e y. No entanto, sempre que for necessário usar linguagem matemática importa saber como o fazer para transcrever fórmulas e resultados de testes estatísticos.

Quando relata resultados no texto, enuncie-os dentro de parênteses, mas faça a apresentação no texto em frases completas. Por exemplo: *O coeficiente da interação entre a formação prévia do participante e a qualidade da sua escrita foi positivo e significante* ($\beta = 3,45$, *p< 0,05*), *como revelamos no modelo 5.*

E como representar as equações? Aqui há que contar com o bom senso. Se a fórmula for simples e não ficar desformatada,

Capítulo 8

pode ser incluída no texto (por exemplo: $W = \beta_1 + \beta_2 \cdot X + \beta_3 \cdot H + \beta_4 \cdot Y + \varepsilon$). Se a fórmula for mais complexa, ou criar problemas de formatação, deverá ser representada em linha separada:

$$ID_j = \sum_{i=1}^{4} \left\{ \left(I_{ij} - I_{iu} \right)^2 / V_i \right\} / 4$$

Não esqueça de, no texto, esclarecer o que cada uma das variáveis da fórmula significa.

8.5 Notas finais

Reservo este espaço final para três constatações que espero se tenham tornado óbvias: (1) uma excelente ideia mal escrita não é publicável, (2) a qualidade da comunicação é essencial para um artigo bem-sucedido no processo editorial, e (3) não é suficiente ser um artigo, também tem de parecer – e, portanto, a forma é crucial.

9

Plágio

> *"Acto ou fraude de um autor assinar ou apresentar como seu o trabalho literário, artístico ou científico, que copiou ou imitou servilmente de qualquer outro.*
> *Roubo literário, artístico ou científico (...)."*
>
> Dicionário da Língua Portuguesa Contemporânea,
> *Academia das Ciências de Lisboa e Editorial Verbo, 2001, p. 2875.*

Importa incluir neste livro uma chamada de atenção para questões de plágio e de ética acadêmica. O debate acadêmico envolvendo diversas questões de ética, e até de legalidade, tem sido extenso, mas para efeitos deste livro foco apenas o plágio. O plágio é uma ofensa grave que já impactou a reputação de pesquisadores um pouco por todo o mundo. Na Alemanha, por exemplo, em 2013, a ministra da Educação, Annette Schavan, renunciou ao cargo depois de ter visto revogado o seu doutorado, apresentado em 1980, sob acusação de plágio. Já anteriormente, o ministro alemão da Defesa Karl-Theodor zu Guttenberg havia sido acusado de plágio na sua tese de doutorado e renunciado ao seu mandato. Na Hungria, o chefe do Estado húngaro, Pál Schmitt, renunciou ao mandato na sequência de plágio pro-

Capítulo 9

vado. No Brasil, diversas universidades já tiveram de enfrentar casos de plágio dos seus professores e alunos. Por exemplo, a Universidade de São Paulo demitiu um professor por alegações de plágio, ainda que nesse caso possa não ter havido intenção ou má-fé, como alegado pelo pesquisador.

Um estudante defrontado com múltiplas solicitações para assistir às aulas, envolver-se em atividades extracurriculares, estágios curriculares, trabalhos para várias disciplinas, assistir a conferências, exames de avaliação, além das atividades que a sua vida pessoal impõe, pode ser facilmente levado a cortar caminho e basear-se excessivamente em trabalhos já existentes. Ao fazê-lo corre sérios riscos de cometer plágio e fraude acadêmica. Mas, os pesquisadores, mesmo os mais experientes, também correm esse risco, em especial em trabalhos que se arrastam durante anos e se perde a memória de apontamentos, de listas de referências, etc. Todo o cuidado pode ser pouco para evitar cometer plágio.

Os professores nos programas de graduação e *stricto sensu* estão crescentemente atentos à possibilidade de os estudantes entregarem trabalhos com muito plágio, e já existe software que permite detectar a ocorrência de plágio. O plágio conceitual é bem mais difícil de identificar pelo software. Para se proteger desses riscos, importa que o estudante leia efetivamente os artigos e livros e não se limite a referências indiretas. Mas, também, importa que aprenda a fazer as citações de forma adequada para os padrões de rigor acadêmico que nos regem. Assim, conhecer o que é considerado plágio e algumas formas de evitar entrar por esse caminho é o primeiro passo para evitar o plágio.

9.1 O que é o plágio?

Muitos estudantes não entendem efetivamente o que é o plágio, e acredito que em muitas circunstâncias, talvez a maioria, as ocorrências de plágio são inadvertidas. Por outro lado, a própria gravidade do plágio é bem diferente entre países. Nos EUA o plágio é visto como uma ofensa grave com repercussões sobre a vida acadêmica dos estudantes, podendo mesmo conduzir à reprovação na disciplina ou à expulsão da escola. Os professores pesquisadores podem perder o seu emprego. Em outros países o sistema é bem mais laxo, e, ainda que formalmente o plágio seja condenado, a prática institucional não passa muitas vezes de uma repreensão informal e não inscrita no histórico escolar do estudante.

O motivo por que muitas instituições punem o plágio é a desonestidade intelectual, mas há consequências cíveis e legais. Quando se usam palavras ou ideias de outros sem as referenciar, o autor dá a impressão de que elas são suas, quando não são. Assim, há uma apropriação indevida do que é de outro. Como conselho genérico, aconselho que em vez de citar diretamente do trabalho de outros, procure interpretar esse trabalho e construir sobre as suas ideias (referenciando-o, obviamente). Se as normas do trabalho acadêmico requerem que construamos sobre trabalhos já existentes, vamos à fonte (em vez do frequente *apud* que vemos usado para citações indiretas) e reconhecemos sempre o trabalho, as contribuições e ideias de outros trabalhos que usamos na nossa própria construção.

PARA EVITAR O PLÁGIO

- ➤ Não copie uma (ou várias) frase sem indicar que é uma citação e sem incluir a referência à obra em que a citação se encontra (incluindo o número da página).
- ➤ Não compre trabalhos já feitos a alguma empresa, ou colega, ou...
- ➤ Não baixe o trabalho de qualquer fonte da internet.
- ➤ Não use e entregue um trabalho de um colega ou feito por um colega.

Capítulo 9

> Não seja vago quanto onde começa e acaba uma citação direta – use aspas para mostrar o início e o fim ou use formatação diferente da letra e parágrafo (por exemplo: letra 11, itálico e indentação de 2 cm).

> Não use ideia de outro autor (mesmo que com palavras suas) sem o reconhecer explicitamente.

> Não faça copiar-colar de uma ou de múltiplas fontes documentais.

> Não se esqueça de incluir todas as fontes na lista de referências no final do trabalho.

Em essência, o plágio ocorre quando se usa o trabalho de outro autor como se fosse o seu. Ou seja, plágio não existe apenas quando se usam as exatas palavras de outro, mas, também, quando se usam as suas ideias sem que lhes seja feita explícita menção e reconhecimento. A forma usual de reconhecer uma ideia como sendo de outro autor é fazendo referência ao trabalho, enquanto a forma de evidenciar que as frases foram obtidas de outro trabalho é fazendo uma citação. O importante, em termos práticos, é que quem leia o artigo entenda quais são as suas palavras e ideias e quais vieram de outros trabalhos.

9.2 Tipos de plágio

O plágio pode assumir diferentes formas. Podemos distinguir três tipos básicos de plágio: o *plágio integral*, quando reproduz longos excertos de texto, ou toda a obra, sem indicar a sua fonte, o *plágio parcial*, quando usa vários autores sem os referenciar, e o *plágio conceitual*, quando usa ideias de outros autores sem citar a fonte das ideias.

A forma mais séria de plágio é citar diretamente de outro trabalho (um livro, artigo, tese ou dissertação) sem dar indicação expressa de que é uma citação. A forma como devemos fazer citações é indicando o excerto de texto entre aspas e citando a fonte exata (incluindo o número da página) da qual o excerto foi retirado.

No limite podemos imaginar um estudante entregando um trabalho completamente copiado de outro autor. Essas ocorrências serão raras, mas importa entender que há plágio sempre que se cita de outra obra sem indicar que é uma citação. Note que a solução não é, por exemplo, incluir uma fonte ou uma nota de rodapé no final de cada parágrafo. Mesmo que você faça isso, continua a ser plágio. Portanto, vamos ser taxativos: se você copia um excerto e não o identifica claramente com aspas e com a indicação de qual a obra, incorre em plágio.

No entanto, de forma mais geral, sempre que o pesquisador se apropria de ideias de outros sem lhes dar crédito, também incorre em plágio. Assim, quando o leitor lê o seu trabalho ele tem de conseguir identificar o que é o seu trabalho e o que é trabalho de outros autores. Portanto, quando usa ideias de outros na construção dos seus argumentos você precisa reconhecer a autoria. Usualmente indicamos com uma referência entre parênteses: (Smith, 2008) ou com uma indicação como: "segundo Smith (2008)...".

Na realidade, faz parte do processo de formação ao nível de mestrado e doutorado, para já não referir a graduação, que os estudantes sejam capazes de articular as ideias de outros autores de referência com as suas *próprias ideias*. Na prática, isso significa que os estudantes explicitem, em seus trabalhos acadêmicos, exatamente o que estão usando desses autores e o que eles mesmos estão propondo.

TIPOS DE PLÁGIO

> **Integral** – assenta na reprodução integral de um trabalho, sem citar a fonte. Usualmente não há nada de bem-intencionado nessa prática, e constitui uma ofensa grave.

> **Parcial** – assenta em 'copiar' e 'colar' frases, parágrafos e seções de uma ou várias outras obras, sem lhes conceder o respectivo crédito.

> **Conceitual** – quando o autor usa as ideias de outra obra, mas as escreve "com palavras suas", sem referir a obra original de forma clara e inequívoca quanto à autoria das ideias.

Capítulo 9

No entanto, tenha em mente que também há o autoplágio, que é igualmente crime e fraude acadêmica. Essas situações são bastante complexas, e penso que ocorrem mais por distração do que por efetiva intenção. No autoplágio o autor não reconhece uma outra obra sua anterior. Assim, usa texto que escreveu para outro artigo, ou livro, nas suas produções subsequentes, sem reconhecer a existência de trabalhos prévios.

9.3 Detectar plágio

Na verdade não é difícil para qualquer professor detectar que o estudante pode estar cometendo plágio. Um primeiro sinal é ter um texto especialmente bem escrito. Sabemos que os estudantes tendem a procrastinar e deixam os trabalhos para a última hora. Assim, não têm tempo para rever e melhorar e entregam os trabalhos com inúmeras gralhas e erros, parágrafos confusos, pouca coerência total do manuscrito etc. Um texto especialmente bem escrito pode, assim, apontar para plágio. Nesses casos, e em outros em que o professor desconfie que pode haver plágio, é provável que o professor pesquise um pouco, buscando encontrar a fonte documental. Um excerto de texto colocado num mecanismo de busca de internet, como o Google, ou nas bases de artigos da universidade, possivelmente permitirá encontrar o tal trabalho não citado. Se identificam a fonte, provam a ocorrência de plágio.

Segundo, algumas escolas já começam a submeter os trabalhos dos alunos a softwares específicos de identificação de plágio, ainda que não identifique o plágio conceitual, apenas os outros dois tipos de plágio. Esses softwares permitem identificar ao longo do texto semelhanças com outros trabalhos (indicando quais os trabalhos) e podem inclusive dar uma percentagem de plágio.

Consulte um exercício, ou tutorial, que explica o que é o plágio, as formas de plágio, e como o evitar: http://library.acadiau.ca/tutorials/plagiarism/

No website seguinte você encontra recursos vários sobre plágio: http://www.virtualsalt.com/antiplag.htm

Alguns softwares de detecção de plágio são gratuitos. Veja um exemplo em: http://plagiarism.bloomfieldmedia.com/z-wordpress/software/wcopyfind/

9.4 Citar ou usar palavras suas?

Uma dúvida frequente, talvez mais especialmente entre estudantes, é se usam as palavras e ideias de outros autores ou se devem escrever interpretando os textos que leram. Realmente são visões completamente distintas. O trabalho científico é baseado em citações, num processo de construção incremental do conhecimento em que a citação, ou referência, tem lugar central. Mas, na lógica de construção do conhecimento, sempre que você usa ideias ou palavras de outros deve citar, porque essa é a forma de mostrar o posicionamento na literatura e de construir o argumento de conhecimento incremental. Assim, embora alguns estudantes de graduação, e mesmo de mestrado e doutorado, pensem ser correto que o objetivo é ler muitos livros e artigos e, depois, escrever com palavras próprias, efetivamente esse não é o procedimento apropriado em trabalhos científicos. O procedimento correto não está em usar ideias de outros como sendo suas, mas sim em reconhecer as ideias e seus autores por meio de citações.

Portanto, o professor quer que você leia muitos trabalhos – livros e artigos – para usar do conhecimento acumulado e escrever um texto próprio, com citações adequadas, mas que distingam aquilo que é seu daquilo que são textos, frases, expressões e ideias de outros autores. Então, para citar importa entender as normas:

Capítulo 9

> As citações devem ser curtas e surgir raramente ao longo do trabalho.

> As citações diretas devem ser assinaladas com aspas e com a obra específica que está citando, com a indicação do número da página. O essencial aqui é dar crédito ao autor original em vez de se apropriar desses trabalhos.

> Todas as obras citadas devem surgir na lista de referências.

> Não basta colocar no final do parágrafo a obra da qual o parágrafo foi retirado: é importante que seja claro para o leitor quais são as suas ideias e contribuições e quais você leu em outros trabalhos.

> A maioria do seu trabalho deve estar escrita com palavras suas, e não deve abusar de citações diretas.

> Não basta adaptar ligeiramente o texto para evitar plágio. O que você precisa fazer é interpretar o trabalho de outros sem usar as mesmas palavras da obra citada.

9.5 Notas finais

Tenha em mente a gravidade do plágio. O plágio é uma questão de fraude acadêmica em primeira instância, mas é também matéria criminal, na medida em que há uma apropriação indevida do trabalho intelectual de outros. Não é correto simplesmente referenciar tudo, tal como não é correto apropriar-se indevidamente das ideias de outros. Observe sempre as regras do plágio e saiba como o evitar, mas note que o autoplágio é também uma ofensa grave. Assim, tenha como regra citar adequadamente todas as fontes documentais que usa e garanta que a lista de referências, no final do seu artigo, está absolutamente completa.

10

Comentários finais

Não tive neste livro a pretensão de dar resposta a todas as possíveis questões que o estudante coloca quando confrontado com a tarefa de escrever um trabalho, um artigo, uma dissertação ou tese, nem às de um pesquisador júnior que começa a escrever o seu primeiro artigo para publicação. Também não pretendi estabelecer os critérios (normas de estrutura e organização, e sugestões de redação) para satisfazer todos os tipos de trabalhos. É evidente que diferentes tipos de trabalho terão diferentes exigências. Por exemplo, sugiro que nos trabalhos para as disciplinas o estudante siga sempre o normativo definido pelo professor. Nas dissertações ou teses importa seguir as normas específicas da universidade. Por outro lado, os artigos qualitativos e estudos de caso têm estruturas distintas. Em suma, o fundamental é seguir sempre o normativo específico para cada situação.

No entanto, pretendi sistematizar um pouco do que li e aprendi nesta prática da pesquisa, do pensamento, da escrita e da organização do texto, com a expectativa, ou o desejo, de que seja útil aos meus futuros alunos. Talvez o objetivo de proporcionar-lhes um guia sobre questões de organização, de estilo e de forma seja ambicioso e algo pretensioso. Não se ensina um estudante a pensar a pesquisa nem a escrever com este livro. A minha

Capítulo 10

opinião é que os estudantes sabem escrever e apenas precisam que lhes ensinem um normativo específico, e desmistifiquem algumas normas que já não se aplicam. Também é verdade que há muito mais na pesquisa do que o que aqui apresentei, mas noto que o meu objetivo declarado não foi discutir ciência. O objetivo é contribuir para que os estudantes de programas de *stricto sensu* e os jovens pesquisadores melhorem os seus trabalhos acadêmicos para publicação futura em periódico.

Amalgamar num único livro tanta variedade de potenciais trabalhos que o estudante poderá ter de realizar, e tanta variedade de questões que são importantes para produzir um trabalho de maior qualidade, pareceu-me em dado momento tarefa impossível. Assim, simplifiquei fortemente. O bom senso e a uniformização das práticas ao longo de todo o trabalho são regras que não se deve esquecer. No entanto, as sugestões que apresento podem ser utilizadas na maioria dos trabalhos e, nos restantes, alguma adaptação com bom senso será necessária.

Muitos estudantes já têm algum tipo de publicação quando acabam os seus cursos de graduação e seguem para o mestrado. Também os candidatos que se propõem a doutorado já têm publicações, mas não conhecem realmente muitas das regras da pesquisa, da organização e da redação do trabalho acadêmico. Assim, têm dificuldade em desenvolver autonomamente um trabalho científico de qualidade que seja publicável em bons periódicos nacionais e internacionais.

Sobre as publicações internacionais, em minha opinião, a maior dificuldade não está nas deficiências no inglês (embora seja realisticamente difícil dominar a língua inglesa no nível requerido para publicação para quem não é nativo) – na realidade, tenho observado que muitos estudantes dominam insuficientemente a redação mesmo em português –, mas antes em todo o processo anterior, desde o planejamento e organização do projeto de pesquisa, à redação e revisão do texto.

Comentários finais

Logo no prefácio do livro escrevi que uma etapa que me parece essencial para um bom produto final é a que designo por "de projeto". Poucas vezes realmente planejamos os artigos com o detalhe que deveríamos, e os estudantes não aprendem a pensar o projeto antes de começar. Começam com uma ideia vaga e tentando chegar a um produto que pareça um artigo. Talvez para melhorar essa fase, e conseguir dissertações e teses de maior qualidade, pudéssemos contar com maior intervenção do professor orientador. Em meu entendimento, os professores orientadores deixam os estudantes mais soltos nessa fase inicial para que sejam eles próprios a encontrar o seu rumo e a formular novo conhecimento. Em especial nos doutorados, espera-se que o estudante crie novo conhecimento, não que escreva o conhecimento que o orientador lhe disse. Mas, quando o trabalho e/ou o rumo não têm os padrões desejados, é preciso saber dizer aos estudantes que precisam mudar ou mesmo reiniciar. É incalculável o benefício que pode emergir de uns meses perdidos enquanto estudante se o resultado for gerar um melhor pesquisador. Um papel importante também pode ser atribuído às bancas de qualificação, que precisam ter a "coragem" de dizer que o trabalho não tem qualidade suficiente e sugerir mudanças de rumo. Na realidade, as bancas ajudariam imensamente os orientadores que não são especialistas no assunto específico e que não têm tempo para se familiarizar em profundidade com todos os temas dos seus orientandos. Infelizmente, muitas vezes as bancas são apenas um rito de passagem sem um papel efetivo de contribuição para a formação dos mestrandos ou doutorandos. Um papel mais ativo será muito valioso. Tal como será valiosa maior intervenção do professor orientador na efetiva formação do estudante orientando.

Neste livro tive por foco primordial os artigos para publicação. Esse foco nos artigos se deve à minha convicção de que uma tese ou dissertação é, em essência, um artigo expandido. Em algumas universidades as teses já são apresentadas na for-

Capítulo 10

ma de três ou quatro artigos. E se alguns pensam que uma tese é desdobrável em múltiplos trabalhos, o que exponho neste livro não o contradiz, desde que cada trabalho seja original e guiado por uma questão de pesquisa específica, respeitando as regras de ética quanto à duplicação de publicações com o mesmo material. Talvez o principal viés deste livro seja para os trabalhos de natureza quantitativa, embora assegure que a minha preferência pessoal é por trabalhos conceituais e não tenho quaisquer preferências metodológicas. A realidade é que em, pelo menos algumas áreas de Administração, há um grande viés para artigos empíricos e embora sejam recorrentes as chamadas por artigos qualitativos e casos de estudo como forma de "entrar em profundidade" nos assuntos e contextos, não observamos muitos artigos seguindo estas metodologias nos principais periódicos da área (e, realço novamente, que estas aparentes preferências variam com as áreas).

Ao reler o texto deste livro, fiquei com a sensação de que há um foco grande em questões de forma. Num questionar pessoal do porquê, concluo que na minha experiência como revisor para diversos periódicos nacionais e internacionais me deparo com muitos manuscritos com severas deficiências de organização e escrita, em que fica difícil realmente entender o conteúdo. Também concluo que é o resultado das frustrações dos meus orientandos. Ainda, como professor, noto as dificuldades de redação e de dar forma aos artigos. Às vezes é inclusivamente surpreendente porque apenas pedimos que os estudantes sigam a organização que podem observar nos artigos que já leem para as disciplinas. Independentemente, dos motivos e das surpresas, é necessário insistir para que sigam as normas, as de estrutura, as de organização de um parágrafo, as de redação, as de formatação.

É importante que os jovens pesquisadores, menos experientes, entendam o que os periódicos publicam e o que não publicam. Os periódicos dificilmente publicam grandes ideias inovadoras que ninguém antes tinha tido. A realidade é que artigos

Comentários finais

absolutamente inovadores terão mais dificuldade em ser publicados. O que publicam são ideias (questões de pesquisa) e textos que comunicam de forma eficaz e eficiente (eficiência aqui para aludir ao número de páginas ou palavras que são impostas aos autores como limite) a ideia, construindo sobre conhecimento já existente (ver King e Lepak, 2011), e seguindo padrões de rigor metodológico. A ciência khuniana vigente (ver Khun, 2003) é assente na ideia de que o conhecimento evolui incrementalmente e não reage bem a ideias radicalmente inovadoras. Entender o que é publicado envolve entender a forma.

Certamente muitos artigos são rejeitados (ver as recomendações de Daft, 1995) pelo fato de os autores escolherem mal o periódico – ou seja, submetem os artigos para periódicos que os rejeitam por estarem fora do escopo do periódico –, mas inclino-me a afirmar que essa não é a maior deficiência que identifico. Note como todos os periódicos contêm na sua declaração de escopo, ou missão, uma indicação do que pretendem publicar. Essas declarações, com variações, incluem aspectos como "novo conhecimento", "contribuição para a teoria", "contribuição para a prática", "bem concebidos", "bem escritos" etc. Ou seja, acredito que um dos principais motivos para a rejeição está na falta de contribuição, ou na não explicitação de qual é a contribuição do artigo. É fundamental redigir uma, ou várias, frase explicando como o artigo contribui para o conhecimento ou qual a sua implicação. Não é, atualmente, suficiente ter um artigo metodologicamente bem executado. Por outro lado, a qualidade da redação é crucial porque a melhor das mensagens não será entendida num texto mal escrito.

Eu ainda me considero um novato nessas coisas da pesquisa, escrita e publicação, apesar de ter publicado cerca de 80 artigos, uma dúzia de livros e talvez uma centena de artigos na mídia, além de capítulos em livros, casos de estudo e outros tipos de documentos. No meu currículo tenho muitos milhares

Capítulo 10

de horas de leitura e, também, milhares de escrita, mas continuo a aprender imensamente com os melhores, com as minhas rejeições e com os meus alunos e colegas, nos debates sobre estas questões da publicação científica. Para aprender mais vale a pena ler alguns dos livros existentes no mercado. Em *Writing for social scientists: How to start and finish your thesis, book, or article*, livro publicado pela Chicago University Press, Howard Becker leva-nos humoristicamente pelos anseios de qualquer autor principiante. Esse é um excelente livro para aqueles a quem escrever alguma coisa aterroriza, mas que querem efetivamente melhorar as suas habilidades nessa área. O livro *The craft of research*, edição da Chicago University Press, de Wayne Booth, Gregory Colomb e Joseph Williams, leva-nos em detalhe para o que deve constar em cada uma das partes de um trabalho. Esse é um livro mais indicado para pesquisadores principiantes, mas mesmo os mais experientes se beneficiariam de o reler. No livro os autores expõem tópicos tão importantes, como posicionar-se perante a sua audiência específica, o planejamento do trabalho, a formulação da questão de pesquisa, a utilização das fontes de informação, o processo de delinear e suportar um argumento, a importância de reescrever e reescrever outra vez até que o texto tenha a fluidez e clareza desejadas, e vão mesmo ao ponto de sugerir como escrever algumas das partes de um trabalho. O livro *Style: Ten lessons in clarity and grace*, de Joseph Williams, é essencialmente dedicado a questões de estilo e de graça, como o próprio título evidencia. Neste livro, o autor vai ao pormenor de discutir muitas questões linguísticas e as melhores formas de transmitir com clareza uma mensagem em inglês.

A escrita não é uma arte! Aprende-se! E a melhor forma de aprender é ler o que pesquisadores experientes nos dizem sobre o assunto e, depois, sentarmo-nos à frente de um processador de texto qualquer e começar a praticar... escrevendo. Dez por cento de inspiração e 90 % de transpiração é a fórmula mágica para qualquer texto bem escrito e um artigo publicável. E a aprendizagem

Comentários finais

pode ser mais célere se entendermos as regras e normas. Mas, as normas não devem tolher o espírito criativo. O espírito criativo convive bem com normas que visam torná-lo mais ordenado e fácil de apreender por aqueles que procuram entender o que o criativo diz. O estudante, ao escrever um trabalho, e o pesquisador, ao procurar uma verdade, são agentes criativos, mas precisam comunicar ao mundo as suas ideias e trabalhos. No meio acadêmico o veículo por excelência dessa comunicação são os artigos publicados em periódicos com impacto.

Fico receptivo a comentários, críticas e sugestões de colegas e estudantes para futuras melhorias deste trabalho.

Boas pesquisas!

Anexo

Roteiro inicial para delimitar projeto de pesquisa.

Considere seguir um roteiro como o que se segue para a definição e delimitação dos seus projetos de pesquisa.

1. Qual o assunto/tema: _____
_____
_____
_____
_____

2. Desenvolvimento do assunto/tema: _____
_____
_____
_____
_____

Anexo

3. Objetivo da pesquisa: _____

_____

_____

_____

_____

_____

(Por que é importante e interessante? Qual é a lacuna que cobre?)

_____

_____

_____

_____

_____

3.1. Questão de pesquisa: _____

_____

_____

_____

_____

_____

4. Qual a contribuição?_____

_____

_____

_____

_____

_____

_____

Anexo

5. Como é que este tema e questão de investigação se posicionam no debate atual? _____

_____

_____

_____

_____

6. Possíveis proposições/hipóteses: _____

_____

_____

_____

_____

(As hipóteses indicam uma relação? São testáveis? Derivam do quadro teórico desenvolvido?) _____

_____

_____

_____

_____

7. Possíveis variáveis

7.1. Variável dependente: _____

_____

_____

_____

_____

Anexo

7.2. Variáveis independentes: _____

_____

_____

_____

_____

7.3. Variáveis de controle: _____

_____

_____

_____

_____

8. Fonte dos dados e amostra necessária: _____

_____

_____

_____

_____

(Esta amostra permite testar hipóteses?) _____

_____

_____

8.1. Algum potencial problema com os dados? _____

_____

_____

_____

_____

Anexo

8.2. Forma(s) de coleta dos dados (inquérito, entrevista, bases de dados secundária, outros): _____

_____

_____

_____

_____

_____

8.3. Meios necessários para a coleta: _____

_____

_____

_____

_____

9. Que método para o tratamento dos dados? _____

_____

_____

_____

_____

10. Bibliografia inicial a consultar: _____

_____

_____

_____

_____

_____

Anexo

11. Outros comentários iniciais à ideia: _____

_____

_____

_____

_____

_____

Bibliografia

Agarwal, R. e Hoetker, G. (2007). A Faustian bargain? The growth of management and its relationship with related disciplines. *Academy of Management Journal*, 50: 1304-1322.

Agarwal, R., Echambadi, R., Franco, A. e Sarkar, M. (2004). Knowledge transfer through inheritance: Spinout generation, development, and survival. *Academy of Management Journal*, 47: 501-522.

American Psychological Association. (2001). *Publication manual of the American Psychological Association*, 5th ed., Washington, D.C.: American Psychological Association.

Annesley, T. (2011). Top 10 tips for responding to reviewer and editor comments, *Clinical Chemistry*, 57(4): 551-554.

Antonakis, J., Bendahan, S., Jacquart, P. e Lalive, R. (2010). On making causal claims: A review and recommendations. *The Leadership Quarterly*, 21(6): 1086-1120.

Antonakis, J., Bendahan, S., Jacquart, P. e Lalive, R. (2012). Causality and endogeneity: Problems and solutions, In Day, D. (Ed.) *The Oxford Handbook of Leadership and Organizations*, Oxford University Press.

Baumeister, R. (1992). Dear journal editor, it's me again, *American Journal of Roentgenology*, 158: 915.

Beaver, D. (2004). Does collaborative research have greater epistemic authority? *Scientometrics*, 60(3): 399-408.

Becker, H. (1986). *Writing for social scientists: How to start and finish your thesis, book, or article*, Chicago: MA, Chicago University Press.

Becker, H. (1986). *Writing for social scientists*. Chicago, MA: University of Chicago Press.

Bedeian, A. (2003). The manuscript review process: The proper roles of authors, referees, and editors, *Journal of Management Inquiry*, 12(4): 331-338.

Bem, D. (1987). Writing the empirical journal article. In Zanna, M. e Darley, J. (Eds.), *The complete academic: A practical guide for the beginning social scientist*, 171-201. New York: Random House.

Beyer, J., Chanove, R. e Fox, W. (1995). The review process and the fates of manuscripts submitted to the AMJ, *Academy of Management Journal*, 38(5): 1219-1260.

Blau, P. (1964). *Exchange and power in social life.* New York: Wiley.

Boice, R. (1990). *Professors as writers: A self-help guide to productive writing.* Stillwater, OK: New Forums Press, Inc.

Booth, W. Are you an author? Learn about Author Central. Colomb, G. e Williams, J. (2008). *The craft of research*, 3. ed., Chicago: MA: University of Chicago Press.

Byrne, D. (2000). Common reasons for rejecting manuscripts at medical journals: A survey of editors and peer reviewers, *Science Editor*, 23(2): 39-44.

Casadevall, A. e Fang, F. (2009). Is peer review censorship? *Infection and Immunity*, 77(4): 1273-1274.

Clark, T., Floyd, S. e Wright, M. (2006). On the review process and journal development, *Journal of Management Studies*, 43(3): 655-664.

Cooper, W. e Richardson, A. (1986). Unfair comparisons. *Journal of Applied Psychology*, 71: 179-184.

Corley, K. e Gioia, D. (2011). Building theory about theory building: What constitutes a theoretical contribution? *Academy of Management Review,* 36: 12-32.

Cronin, B. (2002). Hyperauthorship: A postmodern perversion or evidence of a structural shift in scholarly communication practices. *Journal of the American Society for Information Science and Technology*, 52(7): 558-569.

Cronin, B. (2012). Collaboration in Art and in Science: Approaches to attribution, authorship, and acknowledgment. *Information & Culture*, 47(1): 18-37.

Bibliografia

Daft, R. (1995). Why I recommended that your manuscript be rejected and what you can do about it. In Cummings, L. & Frost, P. (Eds.), *Publishing in the Organizational Sciences*, 164-183. Thousand Oaks, CA: Sage.

Davis, M. (1971). That's interesting! Toward a phenomenology of sociology and a sociology of phenomenology. *Philosophy of the Social Sciences*, 1: 309-344.

Diniz, E. (2013). Editorial, *Revista de Administração de Empresas*, 53(1): 1.

Dubin, R. (1976). Theory building in applied areas. In Dunnette, M. (Ed.), *Handbook of industrial and Organizational Psychology*, 17-39, Chicago MA: Rand McNally.

Eden, L. (2009). Letters from the Editor-in-Chief: JIBS status report – the first 18 months. *Journal of International Business Studies*, 40(5): 713-718.

Ehara, S. e Takahashi, K. (2007). Reasons for rejection of manuscripts submitted to *AJR* by international authors, *American Journal of Roentgenology*, 188: W113-W116.

Eisenhardt, K. (1991). Better stories and better constructs: The case for rigor and comparative logic. *Academy of Management Review*, 16: 620-627.

Eisenhardt, K. (1989). Building theories from case study research. *Academy of Management Review*, 14: 532-550.

Eisenhardt, K. e Graebner, M. (2007). Theory building from cases: Opportunities and challenges, *Academy of Management Journal*, 50(1): 25-32.

Ferreira, M. (2013). Comentário editorial: A pesquisa e a estruturação do artigo acadêmico em administração, *Revista Ibero-Americana de Estratégia*, 12(2): 1-11.

Ferreira, M. (2013). Comentário editorial: O processo editorial: da submissão à rejeição (ou aceite), *Revista Ibero-Americana de Estratégia*, 12(3): 1-11.

Ferreira, M. (2013). Comentário editorial: A construção de hipóteses, *Revista Ibero-Americana de Estratégia*, 12(4): 1-8.

Bibliografia

Finke, R. (1990) Recommendations for contemporary editorial practices. *American Psychologist*, 45: 669-670.

Fisk, D. e Fogg, L. (1990). But the reviewers are making different criticisms of my paper. *American Psychologist*, 45: 591-598.

Frey, B. (2003). Publishing as prostitution? Choosing between one's own ideas and academic success. *Public Choice*, 116: 205-223.

Fulmer, I. (2012). Editor's comments: The craft of writing theory articles – variety and similarity in AMR, *Academy of Management Review*, 37(3): 327-331.

Garfunkel, J., Ulshen, M., Hamrick, H. e Lawson, E. (1990). Problems identified by secondary review of accepted manuscripts. *Journal of the American Medical Association*, 263: 1369-1371.

Geletkanycz, M. e Tepper, B. (2012). Publishing in AMJ – part 6: Discussing the implications, *Academy of Management Journal*, 55(2): 256-260.

Gephart, R. (2004). Qualitative research and the *Academy of Management Journal*. *Academy of Management Journal*, 47: 454-462.

Gopen, G. e Swan, J. (1990). The science of scientific writing. *American Scientist*, 78: 550-558.

Graebner, M. (2009). Caveat venditor: Trust asymmetries in acquisitions of entrepreneurial firms. *Academy of Management Journal*, 52: 435-472.

Gunning, R. (1968). *The technique of clear writing*. McGraw-Hill.

Hamermesh, D. (1994). Facts and myths about refereeing. *Journal of Economic Perspectives*, 8: 153-164.

Hardwig, J. (1985). Epistemic dependence. *The Journal of Philosophy*, 82: 335-349.

Hojat, M., Gonnella, J. e Caelleigh, A. (2003). Impartial judgment by the "Gatekeepers" of science: Fallibility and accountability in the peer review process, *Advances in Health Sciences Education*, 8(1): 75-96.

Holland, P. (1986). Statistics and causal inference (with discussion), *Journal of the American Statistical Association*, 81: 945-960.

Bibliografia

Huff, A. (1998). *Writing for scholarly publication*. 1. ed., Thousand Oaks, CA: Sage.

Judson, H. (1994). Structural transformations of the sciences and the end of peer review. *Journal of the American Medical Association*, 212: 92-94.

Kassirer, J. e Campion, E. (1994). Peer review: crude and understudied, but indispensable. *Journal of the American Medical Association*, 272: 96-97.

Kenny, D. (1979). *Correlation and causality*. New York: Wiley-Interscience.

Khun, T. (2003). *A estrutura das revoluções científicas*. 7. ed, São Paulo: Perspectiva.

Krueger, T. e Shorter, J. (2011). Variation in scholarly journal review processes and acceptance rates across time and disciplines, *Southwestern Business Administration Journal*, 11(2): 71-112.

La Motte, A. (1994). *Bird by bird: Some instructions on writing and life*. NY: Pantheon Books.

Laband, D. (1990). Is there value-added from the review process in economics? Preliminary evidente from authors. *Quarterly Journal of Economics*, 105: 341-352.

Macdonald, S. e Kam, J. (2008). Quality journals and gamesmanship in management studies, *Management Research News*, 31(8): 595-606.

Macdonald, S. e Kam, J. (2007). Ring a ring o' roses: quality journals and gamesmanship in management studies, *Journal of Management Studies*, 44(4): 640-655.

Manton, E. e English, D. (2007). The trend toward multiple authorship in business journals. *Journal of Education for Business*, 82(3): 164-168.

Miller, C. (2006). Peer review in the organizational and management sciences: Prevalence and effects of reviewer hostility, bias and dissensus, *Academy of Management Journal*, 49(3): 425-430.

Modi, P., Hassan, A., Teng, A. e Chitwood, W. (2008). How many cardiac surgeons does it take to write a research article? Seventy years of authorship proliferation and internationalization in the cardio-thoracic surgical literature. *Journal of Thoracic and Cardiovascular Surgery*, 136: 4-6.

Mole (2007). Rebuffs and rebuttals II: take me back!, *Journal of Cell Science*, 120(8): 1311-1313.

Platt, J. (1964). Strong inference. *Science*, 146: 347-353.

Rubin, D. (2008). For objective causal inference, design trumps analysis. *Annals of Applied Statistics*, 2(3): 808-840.

Rynes, S. (2005). Making the most of the review process: Lessons from award-winning authors. *Academy of Management Journal*, 49(2): 189-190.

Samkin, G. (2011). Academic publishing: A faustian bargain?, *Australasian Accounting Business and Finance Journal*, 5(1): 19-34.

Seibert, S. (2006). Anatomy of an R&R (Or, reviewers are an author's best friends...), *Academy of Management Journal*, 49(2): 203-207.

Seibert, S., Kraimer, M. & Liden, R. (2001). A social capital theory of career success. *Academy of Management Journal*, 44: 219-237.

Serra, F., Fiates, G. e Ferreira, M. (2008). Publicar é difícil ou faltam competências? O desafio de pesquisar e publicar em revistas científicas na visão de editores e revisores internacionais. *Revista de Administração McKenzie*, 9(4): 32-55.

Sherer, P. e Lee, K. (2002). Institution change in large law firms: A resource dependency and institutional perspective. *Academy of Management Journal*, 45: 102-119.

Shugan, S. (2002). Editorial: The mission of *Marketing Science. Marketing Science.* 21(1): 1-13.

Shugan, S. (2007). The editor's secrets, *Marketing Science*, 26(5): 589-595.

Silverman, B. (1999). Technological resources and the direction of corporate diversification: Toward an integration of the resource-based view and transaction cost economics. *Management Science*, 48: 1109-1124.

Bibliografia

Sparrowe, R. e Mayer, K. (2011). Publishing in AMJ – part 4: Grounding hypotheses, *Academy of Management Journal*, 54(6): 1098-1102.

Starbuck, W. (2005). How much better are the most-prestigious journals? The statistics of academic publication. *Organization Science*, 16(2): 180-202.

Stossel, T. (1985). Reviewer status and review quality: Experience of the Journal of Clinical Investigation. *New England Journal of Medicine*, 312: 1658-1659.

Suddaby, R. (2010). Construct clarity in theories of organization. *Academy of Management Review*, 35: 346-357.

Suddaby, R. (2006). What grounded theory is not. *Academy of Management Journal*, 49: 633-642.

Sutton, R. e Staw, B. (1995). What theory is not. *Administrative Science Quarterly*, 40: 371-384.

Tett, R. e Guterman, H. (2000). Situation trait relevance, trait expression, and cross-situational consistency: Testing a principle of trait activation. *Journal of Research in Personality*, 34: 397-423.

Thagard, P. (1999). *How scientists explain disease*. Princeton: Princeton University Press.

Tight, M. (2003). Reviewing the reviewers, *Quality in Higher Education*, 9(3): 295-303.

Tsang, E. e Frey, B. (2007). The as-is journal review process: Let authors own their ideas. *Acad. Management Learning Education*, 6(1): 128-136.

Tyler, T. e Blader, S. (2000). *Cooperation in groups: Procedural justice, social identity, and behavioral engagement*. Philadelphia: Psychology Press.

Urbancic, F. (1992). The extent of collaboration in the production of accounting research, *Accounting Educators' Journal*, 4: 47-61.

Van Teijlingen, E. e Hundley, V. (2002). Getting your paper to the right journal: A case study of an academic paper, *Journal of Advanced Nursing*, 37(6): 506-511.

Van Wyk (1998). Publish or perish: A system and a mess. *System Practice and Action Research*, 11(3): 247-259, 1998.

Vanneste, B. e Puranam, P. (2010). Repeated interactions and contractual detail: Identifying the learning effect. *Organization Science*, 21: 186-201.

Weick, K. (1989). Theory construction as disciplined imagination. *Academy of Management Review*, 14: 516-531.

Whetten, D. (1989). What constitutes a theoretical contribution? *Academy of Management Review,* 14: 490-495.

Williams, H. (2004). How to reply to referees' comments when submitting manuscripts for publication, *Journal of the American Academy of Dermatology*, 51(1): 79-83.

Williams, J. (2000). *Style: Ten lessons in clarity and grace*, 6th edition, New York: NY, Addison Wesley Longman, Inc.

Wray, K. (2002). The epistemic significance of collaborative research. *Philosophy of Science*, 69: 150-168.

Zhang, Y. e Shaw, J. (2012). Publishing in AMJ – part 5: Crafting the methods and results, *Academy of Management Journal*, 55(1): 8-12.

Índice

A

Abreviatura(s), 142, 143
  uso de, 142
Academy of Management Journal,
  63-65, 105, 106
American Psychological Association
  (APA), 91, 92
Análise pelos revisores, 83
Anexo, 60, 61
Antropomorfismo, 127
Apresentação das variáveis, 51
Argumento, 42-44
  construção do, 43
Artigo(s)
  acabado, 62
  acadêmico em administração, 26
  de revista, componentes de
    um, 27, 28
  estrutura de um, 26
  referências de, 57
Aspas duplas, 132
Autoplágio, 150
Avaliação
  da extensão em relação à
    contribuição, 138
  formulário para, 84, 96
  pelo editor, desfecho da, 79, 81
  pelos pares, 106
    sistema de, 89

C

Capa, 28
Carta(s) de resposta, 107-113
  escrever a, 108

Ciência khuniana, 157
Citação(ões), 59, 133
  tipos de, 133-135
Coautoria, 15-17
  benefícios da, 16
Coerência do conjunto das
  hipóteses, 44
Conclusão, 55, 56
Consistência na terminologia, 129, 130
Contribuição do estudo, 22
Conversação, 4
Coordenação de aperfeiçoamento de
  pessoal de nível superior (Capes), 11,
  12, 66
Crítica, 6
  ao foco na pesquisa, 8

D

Dados
  primários, 49
  secundários, 49
David Whetten, 34
Debilidade na formação, 2-8
Deficiência(s) na formação
  de doutorado, 3
  de mestrado, 3
Desenvolvimento conceitual, 38-42, 129
Desk
  reject, 79
  rejection, 79
  review, 82, 114
Diferença entre hipóteses e
  proposições, 40
Dificuldade(s) de publicações
  internacionais, 154

Índice

Discurso acadêmico, 9
Discussão(ões), 53-55, 129
   aspectos de uma, 53-55
   erros frequentes na, 54
   metodológicas, 13, 14
Dois-pontos, 131
Double blind review, 81

E

Educação
   de doutorado, 3
   de mestrado, 3
Elevator pitch, 1
Escrever
   arte de, 1, 2
   como, 6
   dificuldade em, 12, 13
   e reescrever, 117
   para publicação, por que, 11
Escrita
   científica, 7
   clara, 115-117
   cuidados de, 117-120
Espaçamento, 137, 138
Espírito criativo, 159
Estilo, 9-11
Estrutura de um artigo, 26
Estudo
   aspectos para realização do, 22, 23
   limitação, 54, 55
   objetivo de um, 24
Evolução das publicações em
   estratégias, 14
Extensão, 137, 138

F

Foco, falta de, 35
Formatação
   aspectos de, 137
   de tabelas e figuras, 139
   do resumo, 31
Fórmula, 143, 144
Formulário para avaliação, 84, 96
Frase(s)
   curtas, 128
   líder do parágrafo, 123, 124
Função do editor, 82

G

Gatekeepers do conhecimento, 63
Gerir o processo da escrita, 5
Ghost authorship, 17
Gift authorship, 17

H

Hipótese(s), 38-42, 129
   aspectos cruciais da seção de, 45
   aspectos fundamentais de, 40, 41
   coerência do conjunto das, 44
   dificuldades comuns com as, 47, 48
   seção das, 44, 45
   tipos de, 42

I

Inclusão de tabelas e figuras, 138-141
Introdução, 32-35
   conteúdo da, 32, 33
   falha na, 34
   questão de pesquisa na, 35
Investigação científica, 23

J

Joan W. Bennett, 7

L

Letra, tipos de, 137, 138
Linguagem, sexista, 136
Lista(s) de referências, 56
   aspectos da, 59
Local para trabalhar nos artigos, 14, 15
Loteria, 77

M

Major revision, 105
Método(s), 49, 129
   científico, 24, 25
   quantitativos, 4
   seção de, 49
Mitos do processo editorial de
   periódicos, 86-89

Índice

N

Nota(s)
  de fim, 142
  de rodapé, 142

P

Palavras-chave, 31, 32
Paper, 10
Parágrafo
  construção de, 125
Parecerista, 81
Parêntese, 132
Peer review, 103
Periódico(s)
  classificação dos, 66
  escolha do, 63, 65
  processo editorial dos, 76
  seleção do, 62
Pesquisa(s), 8
  como chegar à questão de, 19-21
  crítica ao foco na, 8
  definição da questão de, 20
  do tópico à questão de, 22
  etapas no processo de, 24
  futura, sugestões para, 54
  na introdução, 35
  processo de, 23-25
  questão de, 20, 34
  roteiro para delimitar projeto
    de, 160-165
Plágio, 145-148
  conceitual, 146, 148
  detectar o, 150, 151
  evitar o, 147, 148
  integral, 148
  parcial, 148
  tipos de, 148, 149
Ponto e vírgula, 131
Pontuação, 130
  nos títulos, 130
  regras básicas de, 132
Processo
  científico, 84
  de pesquisa, 23-25
    etapas no, 24

editorial
  dos periódicos, 76, 77
  etapas do, 78-83
Projeto, pensar um, 5
Proxy, 40
Publicação, barreiras à, 62
Publicar como um sistema, 77, 78

Q

Qualidade da redação, 6
Qualificativo, 130
Questão de pesquisa, 20, 34
  como chegar à, 19-21
  definição da, 20
  do tópico à, 22
  na introdução, 35
Questionários, cuidados na
  elaboração de, 50, 51

R

Redação
  aspectos de, 122
  clara, 117
  guia para a, 120, 121
  qualidade da, 6
Referees, 81
Referência(s)
  aspectos da lista de, 59
  de artigos, 57
    apresentados em conferência, 59
  de capítulos em livros, 58
  de dissertações, 58
  de livros, 57
    de atas de conferências, 59
  de não publicados, 58
  de *proceedings* de conferências, 59
  de *working papers*, 58
  lista de, 56
Rejeição(ões), 6, 90, 91, 103
  capacidade de reagir a, 90
  caso de, 98, 99
  diminuir probabilidade de, 94-98
  fenômeno da, 91, 92
  porquês da, 92-94
  razões para, 93, 94
  reagir à, 99-102
  taxa de, 91

Índice

Requisito de um TCC, 3
Resposta
    aos revisores, 104-106, 110, 112
    cartas de, 107-113
    escrever a carta de, 108
Resultados
    seção de, 52
Resumo, 29-31
    estruturado, 30
    formatação do, 31
    objetivo do, 30
Rever e ressubmeter, 104
Revisão
    da literatura, 27, 36, 37, 129
        objetivo da, 36, 37
    do texto, 122
    guia para a, 120, 121
    pelos pares, 103, 106
Revise and resubmit, 82, 104
Revisor(es), 81
    análise pelos, 83
    critérios para, 96
    organizar a resposta ao, 110
    papel dos, 83-85
    resposta aos, 104-106, 112
Risky revision, 105
Robert McMeeking, 7
Roteiro para delimitar projeto de
  pesquisa, 160-165

S

Seção
    das hipóteses, 44, 45
    de método, 49
    dos resultados, 52
Seleção do periódico, 62
Singular e plural, 132, 133
Sistema de avaliação pelos pares, 89
Subtítulo, 141
Sustentação teórica, 43

T

Tabela de resultados de testes
  estatísticos, 140
Taxa(s)
    de aceitação, 91
    de rejeição, 83, 91
       totais, 83
Tema, 20
Tempo(s)
    para trabalhar nos artigos, 14, 15
    verbais, 128, 129
Tese, 155, 156
Texto, simplificar o, 136, 137
Thick skin, 90
Título, 28, 29, 141
Trabalho(s)
    científico, 19, 24, 151
    empíricos, 40
    objetivo de um, 23
    organização do, 26
    tipo de, 10, 11

U

Utilização do "et al.", 60

V

Variáveis independentes, 142
Vírgula, 130, 131
Voz
    ativa, 126
        uso de, 126
        vantagens de uso da, 126
    passiva, 126

W

Webqualis, 66
Wiliam Hesterly, 2

Pré-impressão, impressão e acabamento

grafica@editorasantuario.com.br
www.editorasantuario.com.br
Aparecida-SP

Pré-impressão, impressão e acabamento

grafica@editorasantuario.com.br
www.editorasantuario.com.br
Aparecida-SP